高等学校土木工程专业系列规划教材

U0680474

结构试验实训教程

主 编 杨 松

四川大学出版社
SICHUAN UNIVERSITY PRESS

图书在版编目（CIP）数据

结构试验实训教程 / 杨松主编 . -- 成都：四川大学出版社，2025. 2. -- ISBN 978-7-5690-7462-8

Ⅰ . TU317

中国国家版本馆 CIP 数据核字第 202583PV89 号

书　　名：结构试验实训教程
　　　　　Jiegou Shiyan Shixun Jiaocheng
主　　编：杨　松

选题策划：王　睿
责任编辑：王　睿
特约编辑：孙　丽
责任校对：胡晓燕
装帧设计：开动传媒
责任印制：李金兰

出版发行：四川大学出版社有限责任公司
　　　　　地址：成都市一环路南一段 24 号（610065）
　　　　　电话：（028）85408311（发行部）、85400276（总编室）
　　　　　电子邮箱：scupress@vip.163.com
　　　　　网址：https://press.scu.edu.cn
印前制作：湖北开动传媒科技有限公司
印刷装订：武汉乐生印刷有限公司

成品尺寸：210 mm×282 mm
印　　张：9.75
字　　数：315 千字

版　　次：2025 年 2 月　第 1 版
印　　次：2025 年 2 月　第 1 次印刷
定　　价：42.00 元

四川大学出版社
微信公众号

前　　言

"结构试验实训"课程是应用型本科土木工程专业及其他相关专业必修的重要实践课。为进一步强化实验教学环节，更好地践行新工科教学理念，逐步实施实验课单独设置学分的教学体系改革以及拓宽专业口径的教学要求，依据教育部高等学校土木工程专业教学指导分委员会编制的《高等学校土木工程本科专业指南》(TML-TMGC-081001-2023)，编者在多年土木工程结构试验与检测实验教学和研究工作的基础上，配合中国海洋大学等院校土木工程专业最新培养计划及教学大纲，编写了本实验教材。本书力求语言简练、内容全面、重点突出、自成体系，可作为实验教材单独使用，也可与《结构试验与检测》教材配套使用。

"结构试验实训"的实验项目很多，相关标准、规范和规程也在不断修订之中，作为高校教材，本书尽可能遵照最新的国家标准、规范和规程，并重点根据编者所在学校的实验室条件及教学大纲组织内容，其中并未包括土木工程结构试验的全部实验内容；不同专业可根据其专业特点和培养目标对实验项目进行适当取舍，但目的都是通过强化实验过程和掌握实验方法，使学生的实验思维能力得到锻炼。

目前，国内设置土木工程专业的本科院校很多，每所学校的培养计划及实验内容不尽相同，普遍存在的突出问题是教材内容不全面、可读性差、没有可借鉴性。而本科教学之外的大学生创新创业训练项目、研究生教学/研究生课题、实验室开放项目等，均要求学生除掌握本科实验教学内容之外，还要有能力操作实验室的大型设备，以完成相应实验。因此本书在兼顾基本实验操作技能培养的基础上略有加深，介绍了近几年新出现的一些结构性能测量方法。本书纳入先进的检测技术方法与实验相关标准规范，使学生在完成综合性实验的基础上掌握前沿检测技术。希望本书能够适应土木工程应用型人才培养的需求，对培养高素质人才起到积极的作用。

本书由中国海洋大学工程学院杨松担任主编，烟台新天地试验技术有限公司吴江龙和江苏东华测试技术股份有限公司田超仁提供了部分技术支持。

在编写过程中，编者的同事提供了许多帮助，中国海洋大学和江苏东华测试技术股份有限公司为本书的出版提供了资助，在此表示衷心的感谢！

受水平所限，书中不妥之处，诚请读者批评指正。

编　者
2024 年 7 月

目　录

上篇

理 论 篇

第 1 章 绪 论

1.1 概 述 >>>

各种建(构)筑物和工程设施都是以工程材料为主体,由各种承重构件(梁、板、柱、墙)互相连接构成的组合体。工程结构必须在规定的使用期限内安全有效地承受外部及内部的各种作用,以满足结构功能的要求。

结构试验是一项科学实践性活动,是研究和发展新材料、新工艺以及探索结构设计新理论的重要手段。从分析工程材料的力学性能,到验证各种承重结构或构件的承载能力计算方法,以及近年来发展的大量建筑结构体系的计算理论,都离不开结构试验。特别是混凝土结构、钢结构等设计规范所采用的计算理论,基本上都是以试验研究的结果作为基础的。近年来,由于计算机技术的快速发展,建筑结构的设计方法和设计理论都发生了根本性的变化,许多需要精确分析的复杂结构问题,均可以借助计算机完成。然而,由于实际工程结构的复杂性和结构在整个生命周期中可能遇到各种风险,结构试验仍然是解决建筑工程领域科研和设计新问题的不可缺少的基础手段。

结构试验由来已久,最早可追溯到 18 世纪中期,法国科学家荣格密里在一根简支木梁的跨中上缘开槽,并将硬木垫块放入槽内,然后对梁进行加载,从而证明了受弯梁断面上压应力的存在。这种简单又巧妙的方法开阔了人们的视野,为结构计算理论发展提供了新思路。18 世纪,库仑通过圆轴的扭转试验,首次建立了剪切的概念。19 世纪,托马斯·杨测定了剪切的弹性模量,确立了弹性模量的基本概念。

由此可见,结构试验的任务就是针对各种工程结构物或建筑物,利用各种试验方法和试验技术,量测在荷载或其他因素作用下与结构性能有关的各种响应,判断结构的实际工作性能和承载能力,并用以检验和发展计算理论。

结构试验实训是土木工程专业中实践性极强的一门课程,其任务是通过介绍结构试验的测试技术和试验方法,使学生获得专业所必需的基本试验技能,具备解决一般工程实践过程中的结构试验和检验的能力。本书通过较全面地介绍结构试验实训实验项目,配合常见结构试验理论性教材,帮助读者建立结构试验技术的基本概念,进而获得从事建筑结构科研、设计及施工生产等工作时解决问题的基本能力。

1.2 结构试验的目的 >>>

结构试验在工程结构的科研、设计及施工生产等方面都起着重要的作用,根据试验目的,可以将试验分成基础性试验、生产性试验和科研性试验三大类。

1.2.1 基础性试验

基础性试验是针对建筑结构最基本的结构性能进行的试验,主要用于模拟工程结构或构件承受静荷载作用下的工作情况,试验时可以观测和研究结构或构件的承载力、刚度、抗裂性等基本性能和破坏机理。工程结构由许多基本构件组成,通过基础性试验可以了解这些构件在各种基本作用力下的荷载与变形的关系、荷载与裂缝的关系等。如为了配合混凝土结构和钢结构试验进行的混凝土和钢材材料性能试验,教学演示需要进行的集中荷载下矩形截面适筋梁、少筋梁和超筋梁的正截面受弯破坏试验和斜截面受剪破坏试验等。

1.2.2 生产性试验

生产性试验具有直接的生产目的,以实际建筑物或结构构件为试验对象,通过试验检测其是否符合相关规范或设计要求,并得出相应的技术结论。这类试验一般针对具体产品或具体建筑物所要解决的问题而不是寻求普遍规律,试验主要在工程现场或构件制作现场进行。

生产性试验通常用于以下几种情况。

(1)针对新建建筑的设计和施工质量进行的检测。

对于新建建筑,除了在设计、施工阶段进行必要的试验研究外,在建筑竣工后通常还须对建筑的主要质量指标进行测试,如建筑各部分的尺寸、混凝土质量、钢材的焊接质量、荷载作用下建筑的最大挠度、最不利截面上的应力等。根据测得的基本数据,考察建筑结构的实际施工质量和性能,判明结构的实际承载力和工作状态,为即将投入使用的建筑的后期运维提供依据。

(2)针对已建结构,为了判断和估计结构的剩余寿命而进行的可靠性检验。

随着建造年份和使用时间的增加,既有建筑结构会逐渐出现不同程度的老化。有的到了老龄期、退化期或更换期,严重的已经进入危险期。为了保证既有建筑的安全使用,防止出现建筑物破坏、倒塌等严重事故,尽可能安全地延长结构寿命,应对既有建筑进行检测和鉴定,按照相关规程评定结构所属的安全等级,进而推断其可靠性和剩余寿命。可靠性检验大多数采用非破损检测的试验方法。

(3)构件产品质量检验。

预制场或现场成批生产的钢筋混凝土预制构件在出厂或现场安装之前,必须根据科学抽样试验的原则,按照《预制混凝土构件质量检验评定标准》(DBJ 01-1—1992)和试验规程,通过少量的抽样检验,推断成批产品的质量,以保证其产品的质量水平。对存在施工缺陷的预制构件,通过探伤、荷载试验等技术手段判明缺陷对结构受力性能的影响,以确定后期处置措施。

(4)既有建筑改建或扩建后,为了判断具体结构实际承载能力而进行的试验。

既有建筑的改建或扩建,如为了提高车间起重能力或提升建筑抗震设防烈度等级而进行的加固等,在单凭理论计算不能得到分析结论的情况下,经常需要通过试验确定这些结构的实际承载能力。在缺乏既有结构的设计计算与图纸资料,或在要求改变结构工作条件的情况下更有必要进行试验。

对于遭受地震、火灾、爆炸等原因而受损的结构,或者在使用过程中发现有严重缺陷(如施工质量事故、结构过度变形和严重开裂等)的危险性建筑,往往需要进行详细的检验。如选择破坏较为严重的楼板和次梁进行荷载试验,从而判断楼面结构在受灾破坏情况下的承载能力。

1.2.3 科研性试验

科研性试验主要是为了解决科研和生产中有探索性的、开创性的问题,试验的针对性较强。试验对象一般为室内模型结构,需要利用专门的加载设备和数据测试系统,对试验模型的力学性能指标做连续量测和全面分析,从而找出其变化规律。

科研性试验主要达到以下目的。

1) 验证新的结构分析理论与设计计算方法。

在建筑结构设计过程中,为便于计算和推广应用,需要对结构或构件的荷载作用计算图式和本构关系做一些具有科学概念的简化和假定,这些简化和假定的正确性及适用性需要通过试验研究加以验证。例如,为研究钢管混凝土剪力墙的抗震性能,进行一系列拟静力试验(滞回性能试验),重点考察不同参数对此类构件刚度、强度、延性和耗能能力的影响;为研究哑铃形钢管混凝土构件的抗扭性能,进行一系列的扭转试验,重点考察不同参数(如混凝土强度、长细比、钢管厚度等)对此类构件抗扭性能的影响。

2) 为发展和推广新结构、新材料与新工艺提供实践经验。

随着科技的不断进步,新结构、新材料与新工艺不断涌现,而在一种新的结构形式、新的建筑结构材料或新的施工工艺刚提出来时,往往缺少设计和施工方面的经验。为了积累这方面的实际经验,常常需借助于试验。

3) 为制定新的设计规范提供依据。

随着设计理论水平的提高和设计观念的改变,如从按容许应力设计到按极限承载力设计,从按确定性设计到按概率设计,设计规范也需要做相应的修改,而规范的修改依据常常来自相应的结构试验。事实上,现行各种规范采用的结构计算理论,几乎都是以试验研究结果为依据和基础的。

1.3　结构试验的对象　>>>

根据结构试验对象的不同,将结构试验分为原型试验和模型试验。

1.3.1　原型试验

原型试验的对象一般是实际结构或构件。原型试验一般直接为生产服务,但也有部分以科研为目的。原型试验结果真实地反映了实际结构的工作状态,对于评价实际结构的质量、检验设计理论都比较直接可靠。特别是质量鉴定性试验,只能通过在实际结构上进行原型试验实现。但是,原型试验存在费用高、试验周期长、现场测试条件差等问题。

1.3.2　模型试验

当实施原型试验在现场条件或技术上存在某些困难时,往往采用模型试验的办法来解决。特别是科研性试验,更需要借助模型进行。模型是仿照真实结构、按照一定比例关系复制成的真实结构的试验代表物,它具有实际结构的全部或部分特征,但尺寸比原型结构小得多。

根据目的的不同,可以将模型试验分成两类。一类是以解决生产实践中的问题为主的模型试验,这类试验的模型的设计制作要严格按照相似理论,使模型与原型之间满足几何相似、力学相似和材料相似的关系,以便模型能准确反映原型的特性,模型试验的结果可以直接应用到原型结构上。这种模型试验常常用于一些目前难以用分析的办法解决的实际工程问题。另一类模型试验主要用来验证计算理论或计算方法。这类试验的模型与原型之间不必满足严格的相似条件,一般只要求满足几何相似和边界条件。将这种模型的试验结果与理论计算的结果进行对比校核,可用于研究结构的性能,验证设计假定与计算方法的正确性,并确认这些结果所证实的一般规律与计算理论可以推广到实际结构中。

1.4 结构试验的分类 >>>

1.4.1 静力试验和动力试验

1)静力试验。

绝大部分建筑结构在工作时所受的荷载主要是静力荷载,静力试验是结构试验中最常见的试验类型。静力试验是了解建筑结构特性的重要手段,就算是在进行结构动力试验(如疲劳试验)时,一般也会先进行静力试验以测定结构有关的特性参数。静力试验一般可以通过重力或其他类型的加载设备来实现。静力试验的加载过程一般是从零开始逐步递增,直到达到预定的荷载为止。

静力试验的最大优点是加载设备比较简单,荷载可以逐步施加,还可以停下来仔细观测结构变形的发展,展示最明确和清晰的破坏概念。

2)动力试验。

对于在实际工作中承受动力作用的结构或构件,为了了解其在动力荷载作用下的工作性能,一般要进行动力试验。动力试验主要包括结构动力特性试验和结构动力反应试验。

(1)结构动力特性试验。

结构动力特性试验是结构受动力荷载激励时,在自由振动或强迫振动条件下,测量结构自身所固有的动力性能的试验。试验可采用人工激振法或环境激振法,测量结构的自振频率、阻尼系数和结构振型等主要模态参数。

(2)结构动力反应试验。

结构动力反应试验是结构在动力荷载作用下,对结构或其特定部位的动力性能参数和动力反应进行测试的试验。如利用风洞设备对结构模型进行抗风性能试验,在模爆器内模拟爆炸冲击波对结构模型进行抗爆试验等。

1.4.2 短期荷载试验和长期荷载试验

结构受到静力荷载的作用实际上是一个长期过程,但是在试验中一般采用短期荷载试验进行加载,即荷载从零开始施加到最后结构破坏或者某一阶段进行卸荷的时间只有几十分钟、几个小时或几天。

为了研究结构在长期荷载作用下性能的试验,如混凝土徐变、预应力结构中的钢筋松弛、钢结构的锈蚀等,称为长期荷载试验,也称为持久试验。长期荷载试验将进行几个月或者几年的时间,通过试验获得结构参数与时间的关系。

1.4.3 室内试验和现场试验

室内试验由于具有良好的工作条件,可以应用精密和灵敏的仪器设备进行试验,具有较高的准确度。有时甚至可以创造出一个适宜的工作环境,以减少或消除各种不利因素对试验的影响,所以适宜进行科研性试验。

现场试验的环境相对恶劣,不宜使用高精度的仪器设备观测,但是在解决生产性问题时具有无可替代的优势。

1.4.4 无损检测

无损检测是在不破坏整体结构或构件使用性能的情况下,检测结构或构件的材料力学性能、缺陷损伤和耐久性等参数,以对结构或构件的性能和质量状况作出定性和定量的评定。

　　无损检测的一个重要特点是对比性或相关性,即必须预先对具有与被测结构同条件的试样进行检测,然后对试样进行破坏试验,建立非破损或微破损试验结果与破坏试验结果的对比或相关关系,才有可能对检测结果作出较为准确的判断。尽管这样,由于无损检测是间接测定,受诸多不确定性因素影响,所测结果未必十分可靠。因此,采用多种方法检测并综合比较,以提高检测结果的可靠性,是行之有效的办法。

　　目前,常用的无损检测方法有测试混凝土结构强度的回弹法、超声回弹综合法和钻芯法,检测混凝土缺陷的超声波法,混凝土内部的钢筋位置测定和锈蚀测试,测试钢结构强度的表面硬度法,检测钢结构焊缝缺陷的超声波法、磁粉与射线探伤法等。部分相关技术与方法将在本书下篇进行更加详细的介绍。

1.5　结构试验的发展趋势　>>>

1.5.1　先进的大型和超大型试验设备

　　随着科技的不断进步,大型和超大型的综合模拟试验系统、电液伺服加载系统、风洞试验系统、地震模拟振动台等的功能越来越强大,试验加载的能力也不断增强。工程人员和科研人员通过试验能够更准确地掌握结构性能,改善结构防灾、抗灾的能力,进一步发展结构设计理论。

1.5.2　先进的试验测试技术

　　试验测试技术的发展主要体现在传感器和数据采集方面。一方面,传感器是检测信号的工具,随着新材料、新技术的不断涌现,新型智能、高灵敏度的检测传感器不断出现,使得试验测试技术向更广阔的领域快速发展;另一方面,数据采集技术发展更为迅速,随着计算机存储技术和互联网技术的快速发展,长时间、大容量、无线远程、快速的数据存储已成为现实。建筑结构试验技术的形成与发展,与建筑结构实践经验的积累和试验仪器设备及量测技术的发展具有极其密切的联系。建筑结构试验将广泛应用于生产实践的各个环节,对建筑科学的发展产生巨大的推动作用。

1.5.3　结构远程协同试验技术

　　随着结构试验的大型化和复杂化,需要更加精准地模拟复杂工作条件,此时单个实验室的资源往往无法满足此类结构试验的要求。鉴于现场条件有限,希望充分发挥有限的试验资源,把各地大型结构实验室的资源都利用起来,以进行相应的实验室模型协同试验,实现资源共享。随着互联网技术的不断发展,远程通信和远程控制在结构试验中的应用价值越发凸显,将结构试验方法和概率提升到一个新水平。互联网技术将分散在不同实验室的设备资源整合协同,形成一个规模庞大的网络化结构实验室。

第 2 章　结构试验理论与实践的联系

现代科学研究包括理论研究和试验研究,试验的发展需要理论带动,新的理论需要试验来验证。

理论分析虽给出了具体计算法则与计算公式,但在实际应用时却面临众多难题,通常需要进行一些假设,而假设是否成立以及假设与实际的差距有多大,都需要借助试验进行验证。一些尺寸巨大、边界条件复杂的结构的三维问题和非匀质材料问题,理论求解过程十分艰巨,一般需要借助试验的方法拟合计算公式,因此试验在验证理论的同时也推动了理论的发展。

随着电子计算机技术的发展,应用有限元等数值计算方法来研究梁、板、柱等单个构件日益普遍,结构分析工作也迈上了更高的台阶。但是有限元建模求解时所用的参数必须来自试验,并且要保证试验数据准确,才能在结构分析中获得理想的解。结构试验与工程理论就是这样紧密地联系在一起,相互促进、共同发展的。

结构试验的实践环节本身也是土木工程专业中非常重要的实践性课程,它与试验理论学习相结合,为学生提供了一个实际操作和理解结构行为的机会。结构试验的理论与实践之间的联系可以从以下几个方面来理解。

(1)理论与实践的结合。结构试验课程通过理论教学和实践操作,使学生掌握工程结构试验检测的基础知识和技能,包括规划和方案设计,以及对试验结果的分析和应用。

(2)理论与实践的相互促进。通过结构试验,学生能够将学到的理论知识与实际工程问题相结合,从而加深对结构行为的理解,并促进新的结构设计理论和计算方法的发展。

(3)实践能力培养。结构试验课程旨在培养学生的实践能力,如静力试验、动力试验、抗震试验和工程检测等,这些都需要学生将理论知识应用到实际操作中,以培养其综合试验能力和土木工程实践能力。

(4)模型试验的重要性。在结构试验中,模型试验是验证理论的重要手段。通过模型试验,可以研究和发展新材料、新体系、新工艺和新设计理论,以及进行结构损伤鉴定和处理工程事故。

(5)相似理论的应用。结构动力模型试验中,相似理论是确保模型试验有效性的关键。通过几何相似、材料相似、质量和重力相似以及初始条件和边界条件相似,可以预测原型结构的动力特性。

(6)现场检测技术的应用。结构试验还包括现场检测技术,该技术能够帮助学生理解如何在实际工程中应用理论知识,进行结构的检测和评估。

(7)新技术、新方法的探索。结构试验课程鼓励学生探索和使用新技术、新方法,有助于学生了解和掌握土木工程试验和检测方面的最新发展。

结构试验理论与实践的关系是相辅相成的。理论为试验提供了基础和指导,而试验则验证和丰富了理论,两者共同促进了土木工程领域的发展和创新。

第3章 结构试验实训内容

根据结构试验实训课程的特点,将结构试验实训分为技能性实验、综合性实验和与生产实践结合型(现场检测)实验三类。

(1)技能性实验。

技能性实验主要以熟悉实验仪器设备、练习实验技能为目标,是针对已知的实验结果进行的以验证实验结果、巩固和加强有关知识内容、培养实验操作能力为目的的重复性实验。旨在用实验来验证已学过的科学原理、概念或性质。

技能性实验主要包括应变片粘贴实验,惠斯登桥路连接与电阻应变仪连接使用实验,传感器标定实验,单自由度系统自由衰减振动的固有频率、阻尼比的测定实验。

(2)综合性实验。

综合性实验是实验内容涉及本课程的综合知识或本课程相关课程知识点的实验。该类实验的目的在于通过综合学习实验内容、实验方法、实验手段,牢固掌握本课程及相关课程的综合知识,培养学生综合处理问题的能力,达到能力和素质的综合培养与提高。综合性实验在实验过程中可能要使用多种实验技术来完成。

综合性实验承续技能性实验,体现综合实验技能,包括简支钢桁架结构静载实验、锤击法简支梁模态测试实验、混凝土梁受弯承载能力实验。

(3)与生产实践结合型(现场检测)实验。

生产实践教学是以提高学生职业素养和专业技能为主要目标的教学形式,将学生的课堂学习与实际生产相结合,将生产中的实际问题引入课堂,以生产实际问题为中心组织实验教学,使理论教学、实验教学、生产问题有机地结合起来,最终达到培养学生理论联系实际,发现问题,并运用专业知识分析、解决问题的综合能力。具体到土木工程领域,与生产实践结合多体现在针对施工对象的现场检测实验项目,分别为针对钢筋混凝土结构、砌体结构和钢结构,以及针对建筑物整体变形的测量。

与生产实践结合型(现场检测)实验包括混凝土结构的强度无损检测实验、电磁感应法检测混凝土中钢筋位置实验、超声波法检测混凝土裂缝深度实验、超声波法检测钢结构焊缝内部缺陷实验、电磁法检测钢结构防腐涂层厚度实验、贯入法检测砌体砂浆强度实验、回弹法检测砌体砂浆强度实验、回弹法检测烧结普通砖强度实验、建(构)筑物结构变形测量实验。

本书下篇将给出上述各类实验的实验指导书、实验预习报告和实验报告,以期完整介绍结构试验实训各实验项目。

下篇

实 验 篇

第4章　应变片粘贴实验

4.1　应变片粘贴实验指导书　>>>

4.1.1　实验目的

在土木工程测试技术中,由于电阻应变片能够准确地测量结构的应变值,因此得以广泛应用。应变片的正确选取和粘贴质量的好坏,将直接影响应变片的性能和测量的准确性。

本实验主要达到以下目的。

(1)了解电阻应变片的构造及工作原理。

(2)了解选择应变片标距的原理和鉴别应变片质量的方法。

(3)掌握应变片的粘贴工艺,学习粘贴技术。

4.1.2　实验内容

通过在型钢试件上粘贴电阻应变片,学习电阻应变片的粘贴技术和电阻应变片的检测技术。

4.1.3　实验仪器及工具

①万用表、兆欧表;②常温普通型电阻应变片(每人1片);③型钢试件(每人1件);④锉刀、电烙铁、剪刀等工具;⑤砂纸、塑料薄膜、导线、胶布等器材(每组1套);⑥50胶、无水酒精等化学试剂。

4.1.4　实验步骤

1)电阻应变片的检查分选。

(1)选择应变片的规程和类型时,应注意试件材料的性质和试件的应力状态。在匀质材料上贴片时,一般选用普通型小标距应变片;在非匀质材料上贴片时,选用大标距应变片;处于平面应变状态下的应选用应变花。

(2)分选应变片时,应逐片进行外观检查。用肉眼或借助放大镜观察电阻栅极是否均匀、整齐、平整,片内有无气泡、霉斑、锈点等缺陷,不合格的应变片应剔除。

(3)用万用表检查是否断路或短路,同时检查电阻值,精确至0.1Ω,以备分选。同一台仪器或同一测区用片的阻值相差不得超过仪器调平范围,一般不宜超过$\pm0.5\Omega$。

2)选用黏合剂。

黏合剂可分为胶性黏合剂和水性黏合剂两大类,选择哪一类应视应变片基底材料和试件不同而异。一般要求黏合剂具有足够的抗拉和抗剪强度,且蠕变小、电气绝缘性能好。

在匀质材料试件上粘贴应变片，目前较多采用氰基丙烯酸酯类水性黏合剂，如 501 快速胶、502 快速胶。

3）测点表面清理。

为使应变片与测点表面粘贴牢固，测点表面必须清理洗净。

（1）检查测点表面状况，测点应平整、无缺陷、无裂缝等。

（2）匀质材料试件表面，应先用工具或化学试剂清除贴片处的漆层、油污、锈层等污垢，然后用锉刀或砂轮打平，用 80# 砂纸打磨光洁，再用 120# 砂纸将表面打磨成与测量方向成 45° 的斜纹，要求表面平整、无锈、无油污、无浮浆等，并不使断面明显减小。

（3）吹去浮尘并用棉花蘸丙酮或无水酒精等清洗试件表面，用棉花干擦至无肉眼可见污染为止。

4）应变片的粘贴与干燥。

（1）划线定位：在试件上标出测点的纵、横中心线，纵线应与应变方向一致。

（2）打底（混凝土或砌体表面）：先用环氧树脂胶作找平层，待胶层完全固化后再用 0# 砂纸打磨，擦拭后无肉眼可见污染方可贴片。

（3）上胶：用胶在应变片背面及测点上各涂一均匀薄层。

（4）贴片：待胶层发黏时迅速将应变片按正确位置就位，接着盖上塑料薄膜（或玻璃纸），用拇指沿一个方向滚压，挤出多余的胶水，胶层应尽量薄，并注意应变片的位置不能滑动。

（5）加压：使用快干胶粘贴时，用手指轻压 1～2min 即可，使用其他胶粘贴时，要用适当方法加 0.1MPa 左右的压力约 1～2h。

5）干燥固化。

（1）自然干燥：在室温 15℃ 以上、湿度 60% 以下自然干燥 1～2d。

（2）人工固化：按不同胶种，在自然干燥约 8h 后用人工固化（如红外线灯照或电吹热风）缓慢均匀加热至 60℃。

6）粘贴质量检查。

（1）外观检查：借助放大镜或肉眼检查应变片粘贴位置是否正确、牢固，有无气泡。

（2）组织检查：用万用表检查有无断路、短路；检测阻值，应与粘贴前基本相同，变化不超过 ±0.5Ω。

（3）绝缘度检查：用兆欧表检查应变计与试件间的绝缘电阻，一般应在 50MΩ 以上，恶劣环境或长期量测则应大于 500MΩ。

7）焊引线、固定。

（1）先粘贴电路板过桥，将应变片引出线用电烙铁焊到过桥上。

（2）导线头用剥线钳剥离后预先挂锡，避免虚焊。

（3）将挂锡后的导线头焊到过桥上。

（4）用白胶布固定导线。

8）防潮处理。

（1）用电烙铁熔化石蜡，把应变片引出线、过桥封好。

（2）钢筋试件用浸环氧树脂黏合剂的棉纱带子绑扎，混凝土试件块用环氧树脂涂刷上，有机玻璃试件用溶解有机玻璃粉末的氯仿胶液涂刷上。

9）连接静态应变仪。

将两根导线按照 1/4 桥连线方式接到电阻应变仪上，观察电阻应变仪的示值变化，将试件用力弯曲，再次观察电阻应变仪的示值变化。

4.1.5 实验报告要求

（1）简述实验目的、主要实验仪器。

（2）简述应变片粘贴的主要步骤及验证措施。

4.2　应变片粘贴实验预习报告 　　>>>

班级：＿＿＿＿＿＿＿　姓名：＿＿＿＿＿＿＿　学号：＿＿＿＿＿＿＿

评定	
教师签章	
批阅日期	

1.应变片的工作原理。

2.应变片的基本构造简图。

3.应变片的选用原则。

4.根据实验指导书,简述应变片粘贴的主要步骤。

4.3　应变片粘贴实验报告　 >>>

班级：＿＿＿＿＿＿　姓名：＿＿＿＿＿＿　学号：＿＿＿＿＿＿＿

同组者姓名：＿＿＿＿＿＿＿＿＿＿＿＿＿＿＿＿＿＿＿＿＿

实验日期：＿＿＿＿＿＿＿＿＿＿＿＿＿＿＿＿＿＿＿＿＿＿＿

评定	
教师签章	
批阅日期	

1. 实验目的。

2. 主要实验仪器。

3.实验步骤(简要)。

4.实验验证措施。

[提示:可描述下列内容。(1)如何检查应变片粘贴质量及判定检查结果。(2)连接到电阻应变仪上的示值变化。]

第 5 章　惠斯登桥路连接与电阻应变仪连接使用实验

5.1　惠斯登桥路连接与电阻应变仪连接使用实验指导书　　>>>

5.1.1　实验目的

在结构试验中希望测量结构的应力分布及其变化,但是应力是很难直接测量的,因此,只有测量应变,再通过材料的应力-应变关系,由应变得到应力。应变测量的本质是长度或角度变化量的测量,其中,用应变仪测应变是最常用的应变测量方法。其基本原理是通过惠斯登电桥,将由应变片形状变化引起的微小电阻变化转换为电压或电流的变化。熟练掌握惠斯登电桥的原理、学习使用电阻应变仪,是进行结构试验的基础。

本实验主要达到以下目的。

(1)掌握电阻应变仪测量桥路的基本原理。

(2)熟悉并验证电阻应变仪的桥臂特性。

(3)学会电阻应变仪测量的接线方法和基本操作规程。

5.1.2　实验内容

通过连接应变片与电阻应变仪,学习电阻应变仪的使用方法与不同桥路的连接方法。

5.1.3　实验仪器及工具

电阻应变仪(以 DH3818Y 为例)、贴有应变片和焊好引线的等强度梁、螺丝刀等。

5.1.4　实验步骤

1)应变片引线检查。

(1)组织检查:用万用表检查两根引线之间有无断路、短路;检测电阻值,读数精确到 $\pm 0.1\Omega$,引线之间的电阻减应变片电阻为导线电阻。

(2)绝缘度检查:用兆欧表检查引线与试件间的绝缘电阻,一般应在 $50\text{M}\Omega$ 以上,恶劣环境或长期量测则应大于 $500\text{M}\Omega$。

2)引线接入应变仪。

将两根引线按照图 5-1 所示的方法连接到电阻应变仪的对应测点通道上,并记录测点与模型上应变片位置的对应关系。

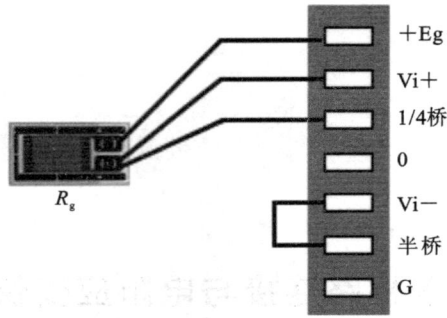

图 5-1 电阻应变片接线示意

3)电阻应变仪开机。

(1)打开电阻应变仪电源,应变仪的液晶屏上显示如图 5-2 所示画面。

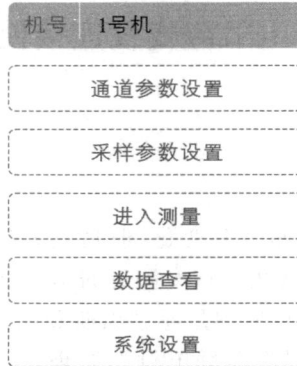

图 5-2 电阻应变仪开机界面

(2)按触摸屏进入"通道参数设置"—"测量内容设置",如图 5-3、图 5-4 所示。

图 5-3 通道参数设置界面

图 5-4 测量内容设置界面

①首先设置通道打开或关闭,白色为开,灰色为关,蓝色为选中(先选中需要设置的通道,再点击打开或关闭,当点击"全选"时,所有通道均被选中,此时再点击一次"全选"则取消所有通道的选择);第一次进入时默认为通道全部打开,设置完已选通道的开关后,该通道将自动切换至未选中状态;已打开的通道边框变为淡蓝色,字体为黑色,已关闭的通道边框和文字变为灰色。

②在已打开的通道中,选中相应的通道,再点击下方的测量类型,对通道的测量类型进行统一设置,也可针对单独的通道进行设置(点击一次单个通道单元即为选中,在某一单元被选中后,再点击一次则取消选中)。设置完已选通道的测量类型后,该通道将自动切换至未选中状态。

③通道类型设置完成后会自动在下方的文本框中显示;第一次开机时默认所有通道均为应变测量。

④点击"保存"用于保存当前参数修改并返回上一级界面,点击"取消"则不保存当前参数修改并返回上一级界面。

(3)按触摸屏进入"通道参数设置"—"应变参数设置",如图5-5所示。

图 5-5 应变参数设置界面

①每一页只显示12个通道,使用"下一页"进行页面切换,当点击"下一页"切换至下一通道页面时,该"下一页"标识会变为"上一页"(已关闭的通道和其他测量类型的通道不在此页面显示)。

②点击"全选"可默认选中"上一页"和"下一页"中所有的通道,再点击一次"全选"则取消全部选中,也可以单击通道单元进行单通道选中和取消选中。

③选择完通道后,再点击各参数设置模块,对已选中的通道进行相应的参数设置(在参数设置过程中,已选中的通道一直处于被选中的状态,除非人为取消选择);每设置一个参数,对应通道下的文本框将显示刚才设置的数值或状态。

④点击"查看参数"进入参数查看模式(此时"查看参数"图标将变成深蓝色),此时再点击各参数设置模块,则可在下方的文本框中显示各通道相应的参数。在参数查看模式下,再点击一次"查看参数"则退出参数查看模式。

⑤点击"保存"用于保存当前参数修改并返回上一级界面,点击"取消"则不保存当前参数修改并返回上一级界面。

(4)按触摸屏进入"通道参数设置"—"通道自检"。

①在通道参数设置界面点击"通道自检"单元,则进入"通道自检"界面,点击"桥路自检"可用于测试桥路是否接通:若异常,则标红;若当前通道已正常接通,则标示为正常,如图5-6所示。

②点击"片阻测量"可用于检测各桥路的应变片电阻值,如图 5-7 所示:短路时"片阻"显示为 0,断路时"片阻"显示为"—",正常状态下"片阻"显示为实际值(该功能为电阻应变仪的选配功能)。

③已关闭的通道或桥式传感器测量通道,则不显示在上述列表中。

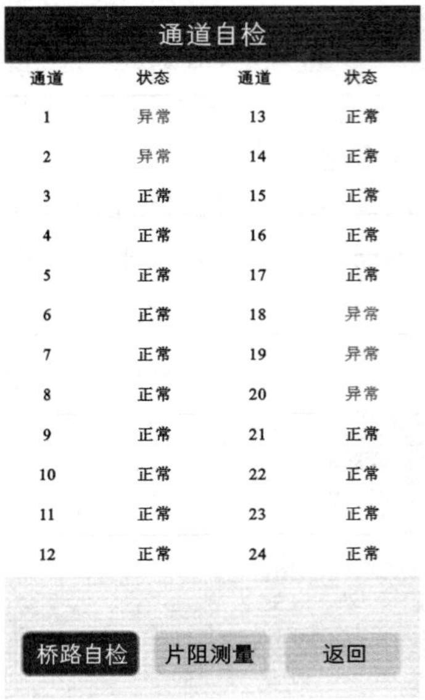

通道自检			
通道	状态	通道	状态
1	异常	13	正常
2	异常	14	正常
3	正常	15	正常
4	正常	16	正常
5	正常	17	正常
6	正常	18	异常
7	正常	19	异常
8	正常	20	异常
9	正常	21	正常
10	正常	22	正常
11	正常	23	正常
12	正常	24	正常

桥路自检　片阻测量　返回

图 5-6　桥路自检界面

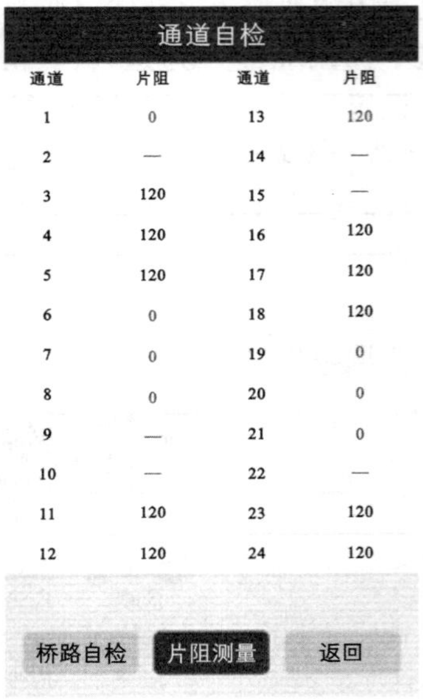 通道自检			
通道	片阻	通道	片阻
1	0	13	120
2	—	14	—
3	120	15	—
4	120	16	120
5	120	17	120
6	0	18	120
7	0	19	0
8	0	20	0
9	—	21	—
10	—	22	—
11	120	23	120
12	120	24	120

桥路自检　片阻测量　返回

图 5-7　片阻测量界面

(5)按触摸屏进入"采样参数设置",如图 5-8 所示。

①采样模式分为连续采样、单次采样和定时采样。

②采样频率可选 1Hz、2Hz 或 5Hz。

③定时采样模式下可设置采样间隔,定时采样次数。

④测试名称模块可用于输入测试文件名称。

⑤英文输入模式下输入相应内容后,需点击"ENTER"才能确认并退出键盘。

⑥点击"保存"用于保存当前参数修改并返回上一级界面,点击"取消"则不保存当前参数修改并返回上一级界面。

(6)按触摸屏进入"进入测量"。

点击主界面进入测量界面,针对三种不同的采样模式,有如图 5-9 所示的三个界面。

①点击"启动"按钮,系统则开始采样(单次采样时,该状态不存储数据),列表中显示所有通道的实时测量值,并按采样频率进行数据刷新,并且在点击"启动"按钮后,采样模块中"启动"二字将变为"停止",用于控制结束此次采样。

②定时采样和连续采样模式下,点击"暂停",模块则暂停采样,在点击"暂停"后,暂停模块中"暂停"二字将变为"继续",用于继续此次采样。

③在单次采样模式下,"采集"模块用于触发取数(单次采样中点击"启动"则进入等待触发取数状态,此时点击一次"采集"则记录一次数据)。

④上述启动、停止、暂停、继续、触发采集等操作均是默认针对所有通道进行控制的。

⑤点击"主界面"则直接返回主页面(采样过程中不可返回)。

⑥使用全选或者单独选择通道后,再点击"平衡",可针对已选中的通道进行平衡清零,若未选中通道,则点击"平衡"图标无效。

⑦每次点击"平衡"后都会跳出弹窗提示,此时点击"是"则对选中的通道进行平衡并返回采样界面,点击"否"则不平衡并关闭弹窗。每次平衡后已选择的通道还保持被选中状态。

⑧平衡后需再次点击"启动"按钮,此时才会刷新平衡结果。此时若某些通道超出平衡范围,则平衡后其显示值都将为"0",并且字体为蓝色。

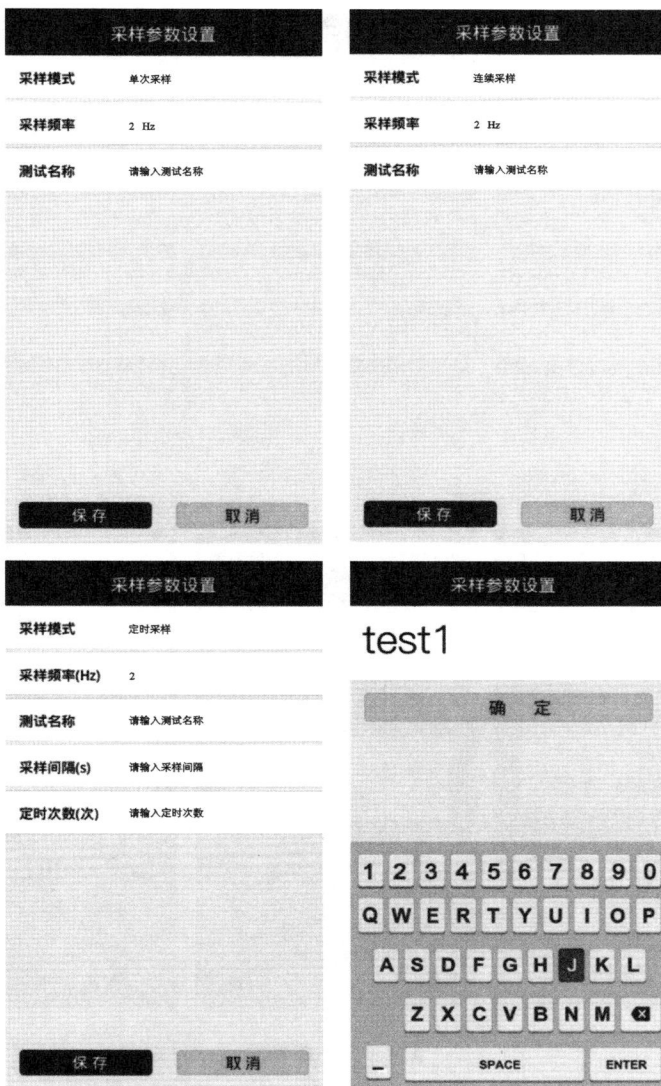

图 5-8 采样参数设置

⑨每次停止采样后再次点击"启动"时,若没有设置新的文件名,则跳出弹窗提示,此时点击"是"则覆盖之前的文件,点击"否"则跳出新建文件名的弹窗,输入新名称后点击"确认"则开始采样,点击"取消"则返回采样界面。

⑩若测量过程中某一通道的测量值超出(低于)报警上(下)限,则以红色字体显示。

⑪第一次开机且仪器中没有存储任何测试文件时,若没有先新建测试名,则同样跳出弹窗,提示新建测试名。

(7)逐级加载砝码,待读数稳定后记录应变读数。

4)将等强度梁上下表面对应的两片应变片按表 5-1 中"方式四"(半桥)形式接入应变仪,重复第 3 步各项操作,记录不同砝码加载下的应变读数。

5)将等强度梁上下表面对应的两片应变片按表 5-1 中"方式六"(全桥)形式接入应变仪,重复第 3 步各项操作,记录不同砝码加载下的应变读数。

图 5-9　测量界面

表 5-1　　　　　　　　　　　　　　　惠斯登桥路连接方式

序号	说明	示例	应变片的连接
方式一 (公共补偿)	1/4 桥(1 片工作片,1 片公共补偿片,公共补偿通道可对一个模块中的所有通道同时补偿); 　　适用于测量简单拉伸压缩或弯曲应变		

续表

序号	说明	示例	应变片的连接
方式一 （三线制 自补偿）	1/4 桥（三线制自补偿，1 片工作片）； 适用于测量简单拉伸压缩或弯曲应变		
方式二	半桥（1 片工作片，1 片补偿片，对某个通道单独进行补偿）； 适用于测量简单拉伸压缩或弯曲应变，环境较恶劣		
方式三	半桥（2 片工作片）； 适用于测量简单拉伸压缩或弯曲应变，环境温度变化较大		
方式四	半桥（2 片工作片）； 适用于只测弯曲应变，消除了拉伸和压缩应变		
方式五	全桥（4 片工作片）； 适用于只测拉伸压缩的应变		
方式六	全桥（4 片工作片）； 适用于只测弯曲应变		

续表

序号	说明	示例	应变片的连接
方式七 （电压测量）	半桥	—	+Eg Vi+ 1/4桥 0 Vi− 半桥 G 测点

注：+Eg 表示供桥电压正极、−Eg 表示供桥电压负极、0 表示供桥电压 0 端、Vi+ 表示信号正极、Vi− 表示信号负极。除全桥方式外，其余桥路方式下均要将半桥短接片短接。

6）按触摸屏退出到最开始的界面，关闭电阻应变仪电源。

5.1.5 实验报告要求

（1）简述 3 种惠斯登桥路连接的主要区别。

（2）记录 3 种惠斯登桥路连接下各级荷载引起的等强度梁弯曲应变。

（3）思考：当电阻应变仪所设置的电阻应变片灵敏系数 K 与实际采用的电阻应变片灵敏系数 K 不一致时，应如何修正？

5.2 惠斯登桥路连接与电阻应变仪连接使用实验预习报告 >>>

班级：_____ 姓名：_____ 学号：_____

评定	
教师签章	
批阅日期	

1. 电阻应变仪的工作原理。

2. 惠斯登桥路连接的基本构造简图。

3. 根据实验指导书，简述电阻应变仪的主要操作步骤。

5.3 惠斯登桥路连接与电阻应变仪连接使用实验报告 >>>

班级：_____ 姓名：_____ 学号：_____

同组者姓名：_____

实验日期：_____

评定	
教师签章	
批阅日期	

1. 实验目的。

2. 主要实验仪器。

3. 实验主要步骤。

4.实验记录。

荷载/g	1/4 桥		半桥互补			全桥互补		
	实测值 με	差值 με	实测值 με	理论值 με	误差/%	实测值 με	理论值 με	误差/%
初值								
内力								

5.思考题。

(1)讨论 3 种惠斯登桥路连接的主要区别及应用范围。

(2)什么是温度效应？如何实现温度补偿？

(3)当电阻应变仪所设置的电阻应变片灵敏系数 K 与实际采用的电阻应变片灵敏系数 K 不一致时,应如何修正？

第 6 章　传感器标定实验

6.1　传感器标定实验指导书　>>>

6.1.1　实验目的

在土木工程测试中,传感器标定就是利用精度高一级的标准器具对传感器进行定度的过程,从而确立传感器输出量和输入量之间的对应关系,同时也确定不同使用条件下的误差关系。

本实验主要达到以下目的。

(1)掌握传感器的接线方法。

(2)学会标定和应用传感器。

(3)绘制荷载-应变图,从中检验传感器的线性度,并求出传感器的标定值以作为实际加载的依据。

6.1.2　实验内容

通过标定力传感器和位移传感器,认识两种传感器并学习其使用方法。

6.1.3　实验仪器设备

压力传感器、位移传感器、传感器标定架、电阻应变仪、数显万用表。

6.1.4　实验原理

1)力值测量仪器。

结构试验中,需要直接测量的力值包括结构试验所施加的荷载值、结构支座反力、预应力结构张拉力、张拉端锚固力、钢结构高强螺栓扭矩、风荷载压力或其他液体压力等。不同的力值测量仪器测量的力不同。力值测量仪器可分为机械式、电测式和振弦式等。

机械式力值测量仪器种类繁多,其基本原理是利用机械式仪表测量弹性元件的变形量,再将变形量转换为弹性元件所受的力。图 6-1 为几种机械式测力计,其中钢环式测力计的原理是当钢环变形时,安装在环内的百分表测量钢环变形量,再将变形量转换为钢环所受拉力或压力;环箍式测力计和钢环式测力计原理相同,只是将变形通过杠杆放大表示;钢丝张力测力计则是利用测量的张紧钢丝的微小挠曲变形得到钢丝的张力。

电测式力值测量仪器多采用电阻应变式力传感器,如图 6-2 所示。它利用安装在金属弹性体上的电阻应变片(等级为 A 级)测量传感器弹性体的应变,再将弹性体的应变值转换为弹性体所受的力。还有一种轮辐式力传感器,如图 6-3 所示,高度较小,适用于高度空间受限的支座位置反力测量等。

(a)   (b)   (c)

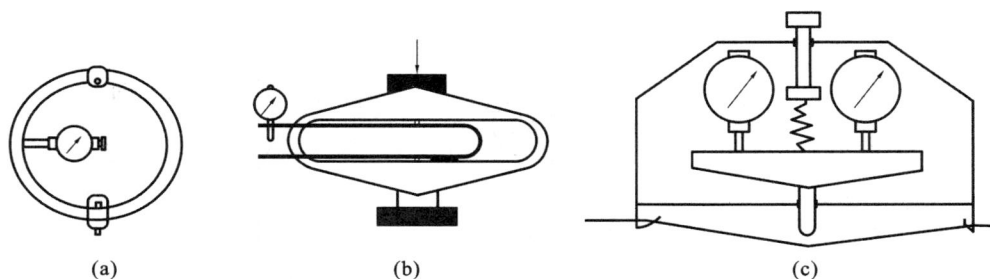

图 6-1　几种常见的机械式测力计

(a)钢环式测力计;(b)环箍式测力计;(c)钢丝张力测力计

图 6-2　电阻应变式力传感器　　　　图 6-3　轮辐式力传感器

振弦式力值测量仪器的测量原理是以拉紧的金属弦作为敏感元件,当弦的长度确定之后,其固有振动频率的变化量即可表征弦所受拉力的大小,通过相应的测量电路,就可得到与拉力成一定关系的电信号。

力值的间接测量方法,通常是利用水压、油压、气压、土压力等压力装置加载,将水压表、油压表、气压表、土压力盒测量的工作压力乘加载的活塞有效面积,得到加载油缸对结构施加的荷载值。此外,还有测量钢结构高强螺栓用扭矩扳手等。

2)位移测量仪器。

结构试验中,结构位移是结构在荷载作用下的重要反应,它反映了结构的整体刚度、弹性与非弹性的变化情况,既体现了总的工作性能,又反映了局部情况,与应力一样也是结构计算和性能评价的重要数据。结构位移包含了结构线位移、角位移等。线位移测试多为相对位移,即结构某一观测点在静荷载试验中的空间位置相对于基准点的位置移动。基准点可以是结构外部的某一固定点,也可以是结构上另一相对点,如框架结构侧向刚度试验的侧向位移、框架梁结构受弯试验的挠度测试。角位移测量则是结构某一点相对于初始状态的转角测量,如框架结构试验时的节点转角测量。

(1)线位移测量仪器。

用于线位移测量的仪器种类很多,结构试验中最为常用的是机械式百分表和千分表、电阻应变式位移传感器、滑动电阻式位移传感器、线性差动电感式位移传感器等。

①机械式百分表和千分表。

机械式百分表和千分表都是用于测量结构线位移的。它们的结构原理基本一致,区别在于千分表的读数精度比较高,精度为 0.001mm,而百分表的精度为 0.01mm。其中机械式百分表和表座组成的测量装置如图 6-4(a)所示,内部机构原理见图 6-4(b)。底部方形铁块带有磁性[图 6-4(c)],可吸附于钢材基座表面,用来固定百分表或千分表。百分表外圈大表盘上刻有 100 个等分格,其刻度值(即读数值)为 0.01mm,长指针转动 1 格,表明测杆位移 0.01mm,转 1 圈时,测杆位移 1.00mm;此时小表盘上的指针即转动 1 格,转数指示盘的刻度值为 1.00mm。

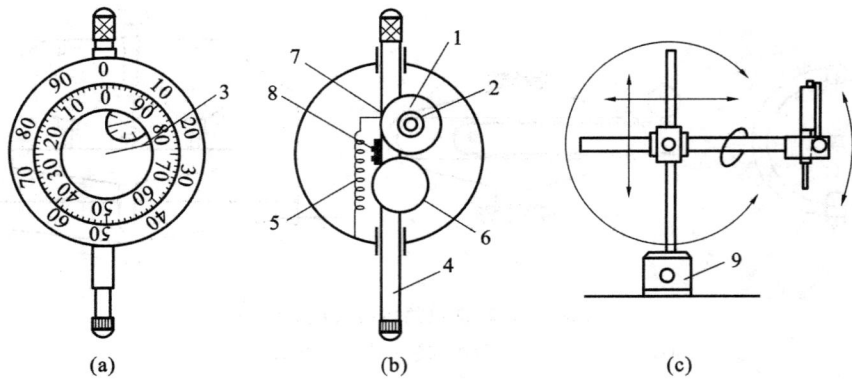

图 6-4 机械式百分表

（a）外形；（b）构造；（c）磁性表座

1—短针；2—齿轮弹簧；3—长针；4—测杆；5—测杆弹簧；6,7,8—齿轮；9—表座

常用百分表的测量范围（即测量杆的最大移动量）有 0～3mm、0～5mm、0～10mm 三种；千分表测量范围有 0～2mm。百分表或千分表通过表座与被测物体接触时，要注意保证百分表的测杆运动方向与变形方向平行，被测物体表面一般应与百分表测杆垂直，否则将使测量杆活动不灵活或使测量结果不准确。

②电阻应变式位移传感器。

电阻应变式位移传感器如图 6-5 所示，其主要部件为一块弹性好、强度高的铍-铜制成的悬臂弹簧片，弹簧片固定在仪器外壳上。弹簧片上粘贴 4 片应变片，组成全桥应变装置。弹簧片的自由端固定有拉簧，拉簧与指针连接。当测杆随变形而移动时，传力弹簧使弹簧片产生挠曲，悬臂弹簧片产生应变，通过电阻应变仪测得应变，通过应变-测杆位移换算得到位移测量结果。

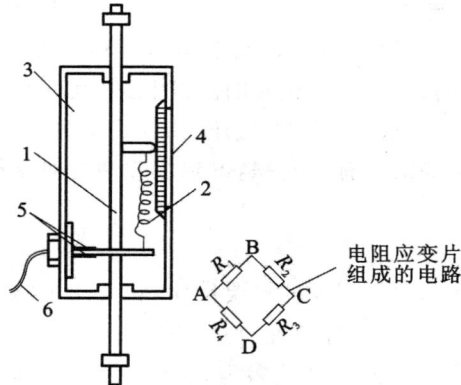

图 6-5 电阻应变式位移传感器

1—测杆；2—弹簧；3—外壳；4—刻度；5—电阻应变计；6—电缆

注：R_1、R_2、R_3、R_4 为电阻应变片的电阻。

③滑动电阻式位移传感器。

滑动电阻式位移传感器的基本原理是将线位移的变化转换为传感器输出电阻的变化，当测杆移位时，与测杆相连的弹簧片在滑动电阻上移动，使得电阻 R_1 输出电压发生变化，通过与 R_2 的参考电压值比较，可以得到 R_1 输出电压改变量。还有一种滑动电阻式位移传感器是通过电阻应变仪直接测量电阻的变化。两种滑动电阻式位移传感器的弹簧片与电阻线圈直接接触，测杆移位时反复运动产生摩擦，使用寿命较低。

④线性差动电感式位移传感器。

线性差动电感式位移传感器的工作原理是通过高频振荡器产生一个参考电磁场，当与被测物体相连的金属测杆在两组线圈之间移动时，由于铁芯切割电磁场产生切割磁力线，改变了电磁场强度，感应线圈的输出电压随即发生变化。通过标定，可以确定感应电压变化与位移量变化之间的关系。线性差动电感式位移传感器一般由两部分组成:一部分是磁感应线圈和铁芯组成的传感元件;另一部分是电压处理元件,称为变送器,作用是将感应电压放大并传递给显示记录装置。

(2)角位移测量仪器。

结构静载试验的角位移测量有弯曲转角位移测量、扭转角位移测量等。最常见的角测量仪器是水准管式倾角测量仪,如图 6-6 所示。试验时,先将倾角仪上水准管内的水泡调平,试件受荷载变形后,产生倾角,水泡偏离平衡位置,这时再将水泡调平,调整量就是测点处的转角。这种读数方法称为调零读数法。

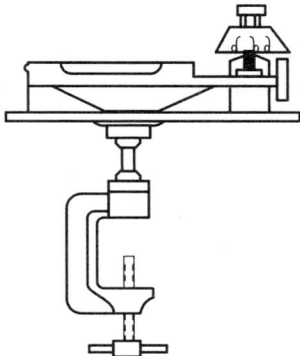

图 6-6 水准管式倾角测量仪

电阻应变式倾角传感器与滑动电阻式位移传感器的基本原理类似,采用旋转形滑动电阻测量转角。图 6-7 为一电阻应变式倾角传感器示意图,将倾角传感器安装在试验结构需要测量转角的部位,结构转动时,倾角传感器内的重锤使悬挂重锤的悬臂梁产生挠曲应变,利用粘贴在悬臂梁上的应变片即可测量其变化,再将变化转换为倾角。也可利用机械装置测量线位移,此测量方法为角位移间接测量法。

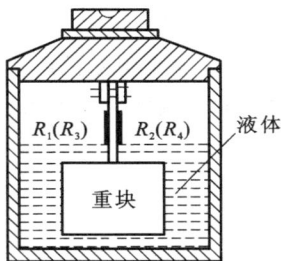

图 6-7 电阻应变式倾角传感器

(3)其他位移测量仪器。

位移测量也可以采用拉线法和光学仪器测量,如:用水准仪测结构的竖向挠度,适用于大型、大跨结构,如桥梁等;用经纬仪测结构的水平位移,适用于现场的大型高耸结构,如高层等的水平位移(倾斜)观测;用全站仪测结构的竖向和水平位移,全站仪是一种电脑数字化的光学测量仪器,通过放置在测点的棱镜的反射,可以测量测点的空间坐标,因而也可以测量测点的竖向和水平位移。

其他位移测量仪器及适用范围有:测斜仪可以测土体水平位移、大坝水平位移;连通水管可以测竖向挠度,适合大跨度结构,如桥梁的挠度观测。

3)传感器的标定。

传感器的标定就是通过实验的方法建立传感器输入量与输出量之间的关系,并确定不同使用条件下的误差关系。标定的基本原理是向待标定的传感器输入一个已知的标准量,同时得到传感器的输出量,然后通过数据处理方法,将传感器输入量和输出量以坐标点的形式绘出,得到表征输入量、输出量对应关系的标定曲线,根据曲线参数得到几何特征量,最后推出待标定传感器的各种性能指标。

传感器标定至关重要,它是设计、生产以及应用传感器的关键步骤。传感器在制造、装配完毕后,为了保证测量值得到准确传递,必须对各项设计指标进行标定;传感器经过一段时间的使用或维护修理后,也必须对其性能指标再次进行标定,实现校准,以确保传感器能够达到继续使用的要求;对于研发的新型传感器,必须在出厂投入使用前对其进行标定,利用标定结果对传感器进行校正、补偿,使传感器的测量精度得到提高。标定是保证传感器精度的重要因素之一,因此对于传感器标定方法的研究尤为重要。

传感器的标定方式可根据它所测量的物理量来选择。例如,力传感器可以在材料试验机上标定或用砝码加载标定;承受均布荷载的模式传感器用高压油罐标定等。在一般情况下,标定应遵循以下原则。

(1)确定加载等级。根据传感器设计的量程确定加载的等级。一般荷载从 0 到满量程应该有 5~7 级(非线性的传感器加载的等级还应该增加)。加载等级过少,曲线不够准确;加载等级过多,则使工作量增加。

(2)采用标定曲线。除按级加载得到加载曲线外,一般情况下还应该观察传感器的卸载规律,如加载和卸载的曲线不重合,在使用传感器时,应该根据具体的工作状态采用相应的标定曲线。

(3)标定宜重复进行。如果各次标定的数据差异过大,则表明传感器性能不稳定,应分析产生数据差异的原因,予以消除。

(4)选好标定时机。多次使用的传感器在使用一段时间后应重新进行标定。

工程测量中传感器的标定,应在与其使用条件相似的环境下进行。为获得高的标定精度,应将传感器及其配用的电缆(尤其是电容式、压电式传感器等)、放大器等测试系统一起标定。

6.1.5 实验步骤

1)标定荷重传感器。

(1)打开电阻应变仪通电预热。

(2)用数显万用表找出荷重传感器的 4 个接线端 A、B、C、D。

(3)将荷重传感器的 4 个接线端 A、B、C、D 分别对应接入电阻应变仪的 A、B、C、D 接线端。

(4)将荷重传感器安装到传感器标定架上,与基准力传感器可靠连接,使工作活塞升起一些高度以抵消自重影响。

(5)按荷重传感器的吨位来确定加载级别、加载程序。

(6)试验机对荷重传感器分级加载,其加载速度要均衡稳定。

(7)将每级加载时其荷载值与所对应的荷重传感器的应变值记录在表格中。

(8)重复做 3 次,取 3 次读数的平均值。

2)标定位移传感器。

(1)打开电阻应变仪通电预热。

(2)用数显万用表找出位移传感器的 4 个接线端 A、B、C、D。

(3)将位移传感器的 4 个接线端 A、B、C、D 分别对应接入电阻应变仪的 A、B、C、D 接线端。

(4)将位移传感器安装到传感器标定架上,与基准位移传感器并联,使位移传感器活动端均顶在活动加载装置下端板底面。

(5)压动液压手动泵使活动加载装置下端板平动至合适位置。

(6)将每级平动时其位移值与所对应的位移传感器的应变值记录在表格中。

(7)重复做 3 次,取 3 次读数的平均值。

6.1.6 实验报告要求

(1)将所测得的每一级荷载/位移所对应的应变数据记录在事先准备好的实验表格中,并注意记录电阻应变仪型号、荷载/位移传感器规格、天气、温度情况等。

(2)重复做 3 次,取 3 次读数的平均值作为各级荷载/位移作用下所对应的应变值。

(3)计算级差,并求取标定值。

(4)依据实验数据绘制荷载-应变(P-ε)曲线图和位移-应变(Δ-ε)曲线图,计算并给出标定值。

6.2　传感器标定实验预习报告　>>>

班级：_____　姓名：_____　学号：_____

评定	
教师签章	
批阅日期	

1.根据实验指导书,简述本实验主要测量哪些物理量及对应的测量仪器、方法。

2.根据实验指导书,简述实验主要步骤。

6.3　传感器标定实验报告　>>>

班级：_____　姓名：_____　学号：_____

评定	
教师签章	
批阅日期	

同组者姓名：_____

实验日期：_____

1.压力传感器标定过程及各步骤观察到的现象。

2.压力传感器标定实验原始记录。

电阻应变仪型号：　　　　　　　　　　　　　　天气：

压力传感器规格：　　　　　　　　　　　　　　温度：

序号	基准传感器读数/kN		实测读数（微应变）			平均值	级差
	分级	累计	1	2	3		
0							
1							
2							
3							
4							
5							

标定值/($\mu\varepsilon$/kN)：

3. 依据实验数据绘制荷载-应变 (P-ε) 曲线图。

荷载-应变曲线图

4. 位移传感器标定过程及各步骤观察到的现象。

5. 位移传感器标定实验原始记录。

电阻应变仪型号：　　　　　　　　　　　　　　　天气：

位移传感器规格：　　　　　　　　　　　　　　　温度：

序号	基准传感器读数/mm		实测读数（微应变）			平均值	级差
	分级	累计	1	2	3		
0							
1							
2							
3							
4							
5							

标定值/(mm/kN)：

6. 依据实验数据绘制位移-应变（Δ-ε）曲线图。

位移-应变曲线图

7. 思考题。

(1)简述标定压力传感器的目的和意义。

(2)如何确定应变式压力传感器 A、B、C、D 四个接线端？为什么？当标定时发现荷载与所希望的符号相反时,如何调整 A、B、C、D？为什么？

(3)如何正确选用传感器？

第 7 章 简支钢桁架结构静载实验

7.1 简支钢桁架结构静载实验指导书 >>>

7.1.1 实验目的

简支钢桁架结构作为典型结构形式,模型简单,有代表性,对其施加静载方便且安全措施容易达到。对简支钢桁架结构进行静载实验是为了学习结构试验的计划和报告的制订方法,以及常用设备的操作技术、试验数据的采集过程、试验结果的整理和试验报告的撰写方法。

本实验主要达到以下目的。

(1)掌握结构静力试验常用仪表的性能、安装和使用方法并熟练应用。

(2)掌握钢桁架结构静载实验的基本方法。

(3)通过对杆件应变(杆件内力)、钢桁架节点位移、支座沉降的测量,验证理论计算的正确性,对桁架结构的工作性能作出分析。

(4)测试焊接钢架在常规荷载作用下的轴力,了解称其为钢桁架的原因。

7.1.2 实验仪器设备

①实验对象:钢桁架模型(图 7-1),钢桁架采用两端简支形式,计算跨度为 0.944m,计算高度为 0.236m;杆件全部采用 15mm×15mm,厚 1.5mm 的方钢管,弹性模量 $E=2.06\times10^5$ MPa;

②加载设备:螺旋升降机;

③测量仪器:力传感器、电阻应变仪、位移传感器等。

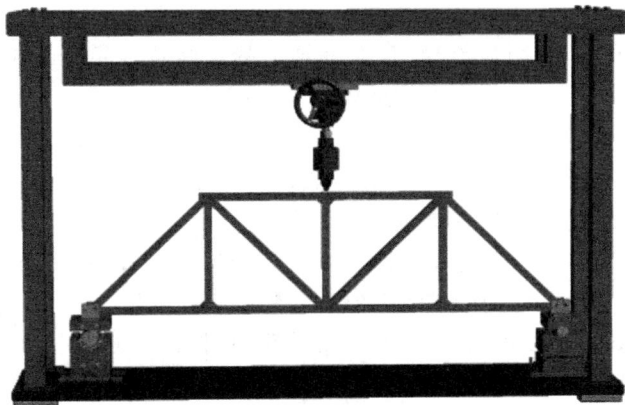

图 7-1 钢桁架模型

7.1.3 实验原理

桁架是杆件由直杆组成,所有的结点均为铰结点的杆件组合结构。当荷载作用于结点上时,各杆内力主要为轴向拉力或压力,截面上的应力基本均匀分布,可以充分发挥材料的作用。桁架杆件的抗弯能力较弱,因此适用于结点荷载的结构。根据铰结点的定义,实际工程中是不存在理想桁架的,但人们还是习惯于把一些结点性质类似铰结点或力学特性与桁架杆件相似的、荷载类型为结点荷载的结构称为桁架,如钢屋架、刚架桥梁、输电线路铁塔、塔式起重机机架等。

球节点桁架结构是工程中常用的桁架结构形式,因其只承受结点载荷作用,所以计算时取作理想桁架结构。理想桁架中所有的结点均为铰结点,理想铰结点只能传递轴力,不能传递弯矩。由于理想铰结点是不存在的,因此理想的桁架模型也是不存在的。但若根据桁架结构的荷载特点,在杆件受力产生微小转角时,若结点只传递很小的弯矩,那么此时结构的力学特性就接近理想桁架结构的力学特性。

梯形桁架是工程中常用的结构形式,简支的钢架桥、钢屋架多采用类似的结构形式。梯形桁架一个支座为固定铰支座,一个为滑动铰支座,桁架多采用跨距与层高相等的结构形式,典型四跨梯形桁架在中间结点施加竖向荷载时内力图如图 7-2 所示,桁架结构结点不传递弯矩。因此,在单纯施加结点拉压力荷载时,桁架结构的杆件不承受弯矩,不必绘制弯矩图。

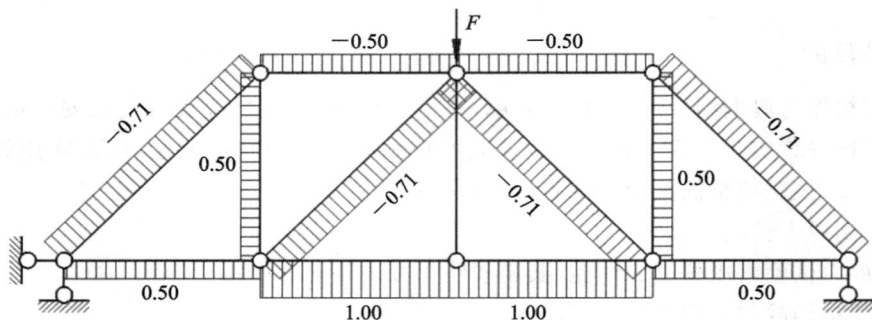

图 7-2 四跨梯形桁架内力图

焊接钢架是工程中常用的结构形式,其杆件一般为角钢或钢管。焊接钢架在杆件交会的地方设有连接板或连接结点,杆件与连接板或连接结点之间多采用满焊的方式,因此焊接钢架的结点既可传递轴力也可传递弯矩,可简化成刚结点。从结构力学对结构定义的本身出发,焊接钢架可谓典型的刚架。但在实际工程中,焊接钢架杆件承受弯矩的能力往往远小于承载轴力的能力,多用于只承受结点荷载的场合,此时其内力与桁架内力相差很小。因此,习惯上把本是典型刚架的焊接钢架称为"钢桁架"。

由于钢桁架具有刚架的特点,因此随着施加荷载的不同,在杆件上总会出现或多或少的由弯矩引起的应力,当人们把焊接钢架当成桁架来分析时,往往忽略了由弯矩引起的应力,而通常弯矩引起的应力相对于轴力引起的应力比较小,称为"次应力"。

从图 7-2 可以看出,对四跨梯形桁架结构施加竖向荷载时,桁架结构的内力传递有明显的对称性,不同部位杆件内力种类、大小不同,且有明显差异,且对称轴上的竖腹杆为零杆。根据该结构的受力特点,实验时选择测量典型杆件的内力来验证上述内力传递规律。

实际桁架的受力情况是比较复杂的,但在理论计算中一般只抓住主要矛盾,对实际桁架作必要的简化。通常在桁架的内力计算中采用下列假定:(1)桁架的结点都是光滑的铰结点;(2)各杆的轴线都是直线并通过铰的中心;(3)载荷和支座反力都作用在结点上。

以焊接钢桁架为例(图 7-3~图 7-5),来比较一下实际的桁架和理想桁架的差别。首先,结点域的连接方式和理想铰结的假定是不一致的,焊接钢桁架的结点既可传递轴力,也可传递弯矩,更接近理想的刚接形式;其次,上、下弦杆在结点处是连续不断的,而理想的桁架杆件在结点处是断开的。即便有如此差别,前人的科学实验和工程实践证明,对桁架来说,结点刚性等因素的影响一般是次要的。一般规定,按照上述假定计算得到的桁架内力称为主内力,由于实际情况与上述假定不同而产生的附加内力称为次内力。下面来看一下将桁架的结点取为刚结点对钢桁架内力分布的影响。

对比内力可以看出,由于将理想铰结点改为刚结点导致各杆件的轴力大小出现了不同程度的变化,原来的零杆也有了很小的轴力,但除了零杆之外,其他各杆件轴力的变化幅度均小于其轴力值的2%。原来的零杆为什么不再是零杆了呢? 这是由于刚结点使杆件中产生了剪力,如果取割离体来分析结点力的平衡,可以发现此时只有轴力分量的话,割离体无法保持平衡,无法平衡的那部分分量同样需要剪力来平衡。但剪力分量相对较小,且在计算杆件的应力时贡献很小,这里就不再考虑剪力对应力的影响,所以在此并没有给出结构的剪力图。

从钢桁架的弯矩图(图7-5)中可以看出,在钢桁架内存在一定大小的弯矩,这部分弯矩就是次内力,由次内力产生的应力称为次应力,次应力究竟能在总的应力中产生多大比重呢? 可以选择一个次内力最大的位置来分析。由双40号等边角钢焊接的钢桁架在单位荷载作用(以 N 为单位)下,上弦杆的加载点附近次内力(弯矩)最大,而主内力(轴力)相对较小,这是一个次内力影响最为显著的位置,以该位置为例进行分析:

$$\sigma_{\pm} = \frac{N}{A} = \frac{-0.506}{617.2} = -8.2 \times 10^{-4}(\text{MPa}) \tag{7-1}$$

$$\sigma_{\text{次}} = \frac{M}{I_x}y = \frac{0.0036 \times 1000}{92000} \times 11.3 = 4.4 \times 10^{-4}(\text{MPa}) \tag{7-2}$$

由此可见,在次内力影响最显著的位置,由次内力产生的次应力仅是主内力产生应力的一半左右,同时考虑到弯矩在结构内部是线性分布,从弯矩图中也可以看出,最大弯矩会很快减小到一个较低的水平,所以弯矩次内力影响显著的区域会非常小。

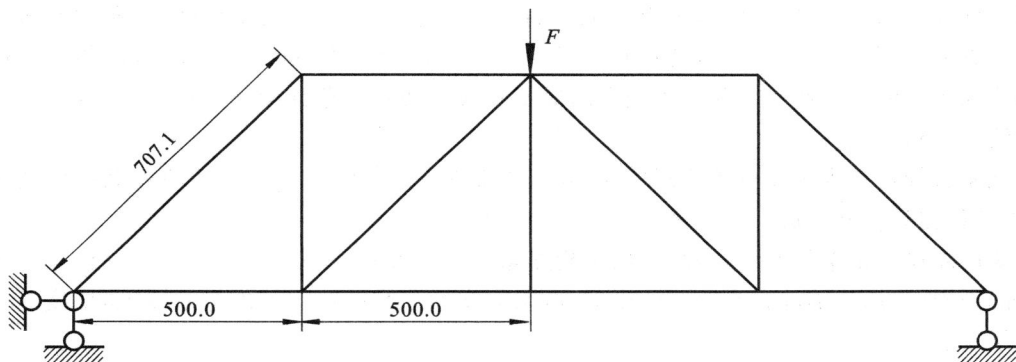

图 7-3 焊接钢桁架计算简图

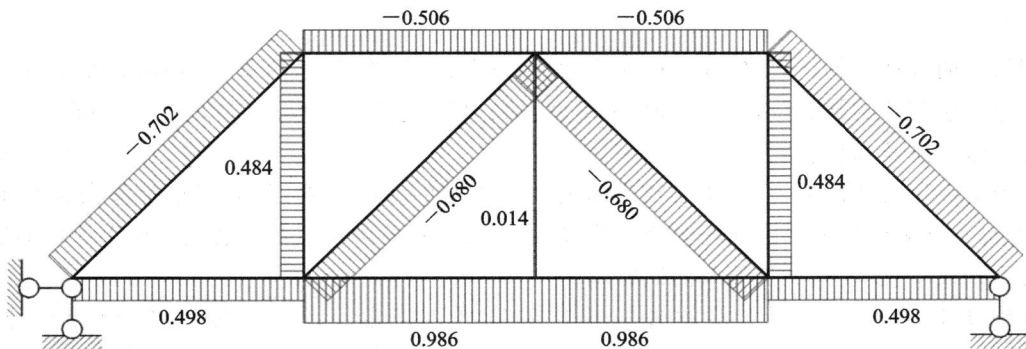

图 7-4 焊接钢桁架轴力图

通过以上分析可以看出,实际的桁架和理想桁架相比,在同样的荷载和支撑边界条件下会产生次内力。但这些次内力引起结构的应力通常比较小,这也是人们习惯把一些结点性质类似铰结点或力学特性与桁架相似的,且荷载类型为结点荷载的结构称为桁架,并按照桁架的力学性质来进行结构计算或设计的依据。进行钢桁架实验就是为了验证这种选择依据的可靠性,解答为何工程中的桁架并非理想桁架,但设计时依然采用理想桁架的力学模型进行设计的疑问。

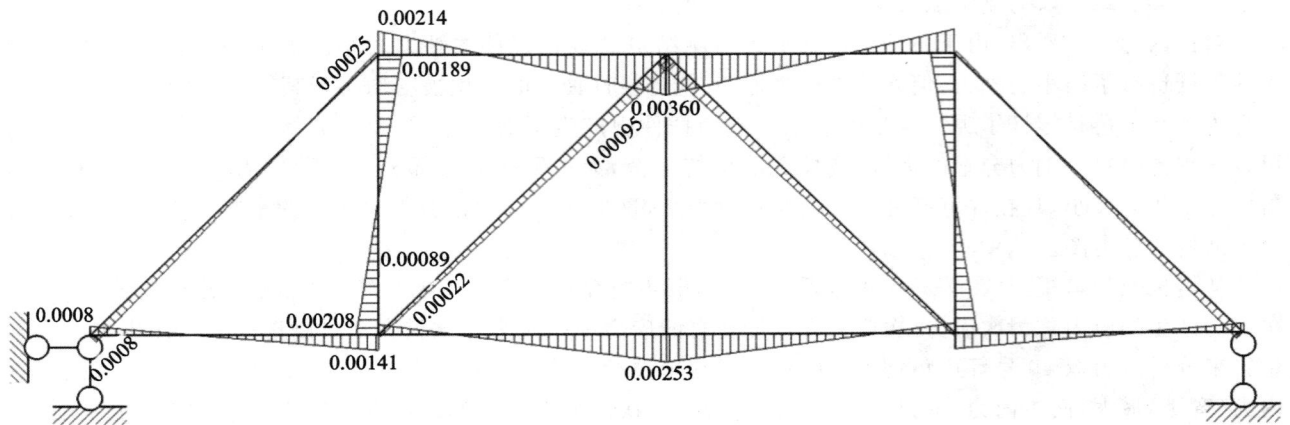

图 7-5　焊接钢桁架弯矩图

根据以上分析,并结合该结构的受力特点,实验时选择测量典型杆件的内力来验证上述内力分布规律。试验和过程中通过杆件上粘贴的应变片测量内力,通过位移计或百分表测量位移。

桁架的实验荷载不能与设计荷载相符合时,亦可采用等效荷载代换,但应验算,使主要受力构件或部位的内力接近设计情况,还应注意荷载改变后可能引起的局部影响,防止产生局部破坏。实验结果内力等效,但变形不会等效,如果要考察结构变形情况,则需要对挠度等进行修正。

可采用挠度计或水准仪测量挠度,测点一般布置在下弦结点。为测量支座沉陷,在桁架两支座的中心线上应安置垂直方向的位移计。另外,还可在下弦两端安装两个水平方向的位移计,以测量在荷载作用下固定支座和滚动支座的水平侧向位移。可用电阻应变片或接触式位移计测量杆件应变,其安装位置随杆件受力条件和测量要求而定。

桁架加载实验加荷过程中要特别注意安全,做破坏试验时,应根据预先估计的可能破坏情况设置防护支撑,以防损坏仪器设备和造成人身伤害。

本实验采用缩尺钢桁架做非破损检验,以达到熟悉实验流程和设备使用的目的。杆件应变测量点设置在每一杆件的中间区段,为消除自身弯矩的影响,电阻应变片均粘贴在截面的重心线上,挠度测点均布置在桁架的下弦结点上。

7.1.4　实验步骤

1)实验准备。

收集钢桁架的设计参数,包括杆件的截面尺寸、结点形式、每跨尺寸、跨数等,同时收集荷载传感器的灵敏度系数及电阻应变片的粘贴位置、电阻值、灵敏度系数、导线电阻等,确定应变的测试位置。

2)安装实验模型及加载装置。

调整各个支墩至安装位置,并将正交铰支座安装在支墩的相应位置,然后将钢桁架安装在正交支座的相应位置,通过手动泵调整油缸活塞杆至合适位置,用安装螺杆将力传感器安装至拉压千斤顶的端部。

3)连接测试线路、设置测试参数及测试窗口。

检查该项实验中所需接入仪器的各应变片阻值是否正常。将压力传感器、应变片分别连接到 DH3818Y 的 1~16 通道上,压力传感器的红线接+Eg、白线接-Eg、黄线接 Vi+、蓝线接 Vi-,应变片的两根线分别接+Eg、Vi+,并将连接 1/4 桥和 Vi+ 的铜片推入。打开电阻应变仪电源,设置仪器的参数(参考第 5 章),加载接头有一定的预紧力后进行平衡清零操作。

4)预加载。

在进行正式实验之前,首先进行预加载,以确保实验设备和数据采集分析系统均能正常工作。取预估载荷(本实验取最大载荷 $P_{max}=2.0kN$)的 10% 作为预加载荷,观察、分析实验数据,检查实验装置、仪表是否工作正常,然后卸载。如有问题,要将发现的问题及时解决、排除。

5)加载测试。

本实验取最大载荷 $P_{max}=2.0kN$，每级加载量 $\Delta P=0.4kN(400N)$，每增加载荷 400N，记录应变读数 ε_i、位移读数 d_i，共加载五级，然后分 2～3 级卸载。重复加载卸载测量 3 次，将原始数据记录到事先准备好的实验表格中。在加载过程中，注意控制加载速度及最大载荷，应确保杆件的最大应变不超过 $800\mu\varepsilon$。

6)实验数据分析。

(1)验证数据：绘制荷载-应变曲线，观测数据的线性及重复性。数据应该为线性的且有较好的重复性。

(2)分析数据：根据测得杆件不同位置的应变值，结合实验杆件参数，画出结构的内力分布图。将测得数据与理论计算的数据相比较，分析实验误差的大小及来源。

7.1.5 实验报告要求

(1)作出桁架的内力简图。

(2)计算各杆件在各级荷载下的理论应力及各结点在各级荷载下的理论位移值。

(3)整理实验过程中的原始数据，计算实际应变、各结点位移值。

(4)选取典型杆件绘制荷载-应变曲线。

(5)比较满载条件下中点的挠度实测值与理论值的差异，并分析原因。

(6)桁架各杆件的内力分析，从杆件的实测应变值求出内力值，并与理论值进行比较。

(7)检验结论，根据实验结果与理论计算的比较，讨论理论计算的准确性，并根据实验结果的综合分析，对桁架的工作状况作出结论。

7.2 简支钢桁架结构静载实验预习报告 >>>

班级：_____ 姓名：_____ 学号：_____

评定	
教师签章	
批阅日期	

1. 根据实验指导书，简述本实验主要测量哪些物理量及对应的测量仪器、方法。

2. 根据实验指导书，简述实验主要步骤，并设计实验用原始数据记录表格。

7.3 简支钢桁架结构静载实验报告 >>>

班级：_____ 姓名：_____ 学号：_____

同组者姓名：_____

实验日期：_____

评定	
教师签章	
批阅日期	

1. 作出桁架的内力简图。

2. 计算各杆件内力理论计算值。

		下弦杆	斜腹杆		竖腹杆	上弦杆	
		G1	G2	G4	G3	G5	G6
截面积/mm²							
第一级	内力						
	应力						
	应变						
第二级	内力						
	应力						
	应变						
第三级	内力						
	应力						
	应变						
第四级	内力						
	应力						
	应变						
第五级	内力						
	应力						
	应变						

3.计算各结点的理论位移。

	结点 J1
第一级, $P=$　　kN	
第二级, $P=$　　kN	
第三级, $P=$　　kN	
第四级, $P=$　　kN	
第五级, $P=$　　kN	

4.记录加载级别。

	第一级	第二级	第三级	第四级	第五级
单级加载量/kN					
总加载量/kN					

注:每级加一级荷载,中间间隔5min。加载过程重复两次,第一个完整过程完全卸载后间隔10min才能进行下一次实验。

5.记录加载过程各杆件应变。

		下弦杆	斜腹杆		竖腹杆	上弦杆	
		G1	G2	G4	G3	G5	G6
第一级	应变						
第二级	应变						
第三级	应变						
第四级	应变						
第五级	应变						

6.记录加载过程各结点位移。

	J1 点百分表读数	J1 点位移
加载前		—
第一级		
第二级		
第三级		
第四级		
第五级		

7. 选取典型杆件绘制荷载-应变曲线。

8. 比较杆件应变实测值与理论值。

	下弦杆	斜腹杆		竖腹杆	上弦杆	
	G1	G2	G4	G3	G5	G6
实测值						
理论值						
实测值/理论值						

注:可任选一个加载级进行比较。

9. 比较结点位移实测值与理论值。

	J1
实测值	
理论值	
实测值/理论值	

10. 实验的分析和结论。

〔提示:可描述下列内容。(1)分析实测结果和理论计算产生不同的原因。(2)分析实验误差的来源和原因,并指出减小不同实验误差的方法。〕

第 8 章　单自由度系统自由衰减振动的固有频率、阻尼比的测定实验

8.1　单自由度系统自由衰减振动的固有频率、阻尼比的测定实验指导书　**≫≫≫**

8.1.1　实验目的

各种类型的工程结构,在实际使用过程中除承受静荷载作用外,还常常承受各种动荷载作用。为了了解结构在动荷载作用下的工作性能,一般要进行结构动力试验。通过动力加荷设备直接对结构构件施加动力荷载,可以了解结构的动力特性,研究结构在一定动荷载下的动力反应,评估结构在动荷载作用下的承载力、抗震性能及疲劳寿命等特性。

动力学主要解决结构在振动与冲击作用下的动力响应问题,具体如下。

(1)结构的自由振动的主要振动参数,如自振频率、振动模态、振动幅值、阻尼及振动相位差等。

(2)结构的振动响应、振动应力及振动位移等。

(3)结构的隔震、防震与消震问题。

本实验主要达到以下目的。

(1)了解单自由度系统自由衰减振动的阻尼参数、衰减振动周期、减幅系数及对数衰减率等相关概念。

(2)学会用传感器(压电式加速度计)、测振仪、电荷放大器(振动教学实验仪)、计算机及测振软件等组成的测试系统测试阻尼参数。

(3)学会根据自由衰减振动的衰减曲线确定系统的阻尼参数。

(4)掌握用手锤激励系统产生自由衰减振动的方法。

8.1.2　实验仪器及软件

①INV1601B 型振动教学实验仪;②INV1601T 型振动教学实验台(图 8-1);③加速度传感器;④MSC-1型力锤(橡胶头);⑤配重块。配套软件:INV1601 型 DASP 软件。

8.1.3　实验原理

固有频率是振动系统一项重要的振动特征参数,该频率取决于系统本身的质量 m、刚度 k 及其分布情况。振动系统固有频率的确定是一项极其重要的工作,对于复杂的结构体系,往往需要通过振动测试与分析才能获得较精确的结果。最简单的测试方式是通过敲击或突然卸载,使被测物体在初位移或初速度作用下因阻尼存在而做自由衰减振动,通过传感器测得并记录其自由衰减曲线,衰减振动的频率可以近似地作为系统的固有频率。固有频率可以用 $\omega_n = \sqrt{\dfrac{k}{m}}$ 表示。

本实验中使用的实验模型是由在简支梁中央放置一质量块构成,该模型可以简化为一有阻尼的弹簧-质

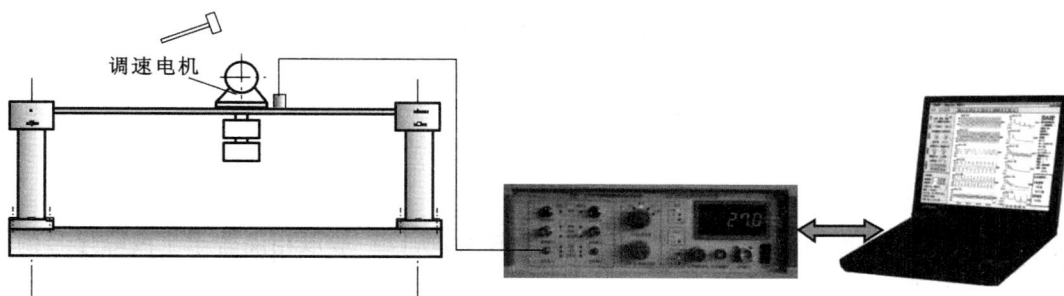

图 8-1 振动测试实验台的组成及连接示意图

量系统,其运动微分方程为

$$m\ddot{x} + c\dot{x} + kx = 0 \tag{8-1}$$

或

$$\ddot{x} + 2n\dot{x} + \omega_{\mathrm{n}}^2 x = 0 \tag{8-2}$$

和

$$\ddot{x} + 2\delta\omega_{\mathrm{n}}\dot{x} + \omega_{\mathrm{n}}^2 x = 0 \tag{8-3}$$

在小阻尼(阻尼比 $\delta < 1$)的情况下,方程的解为

$$x = A\mathrm{e}^{-\delta\omega_{\mathrm{n}}t} \cdot \sin(\omega_{\mathrm{d}} + \varphi) \tag{8-4}$$

式中 $\omega_{\mathrm{d}} = \sqrt{1-\delta^2} \cdot \omega_{\mathrm{n}}$, $\delta = \dfrac{n}{\omega_{\mathrm{n}}}$。

衰减振动波形如图 8-2 所示。单自由度系统的阻尼计算在结构和测振仪器的分析中是很重要的。阻尼常常通过衰减振动的过程曲线(波形)振幅的衰减比例来计算。用衰减波形求阻尼,阻尼可以用半个周期的相邻两个振幅绝对值之比来表示,或用一个周期的两个同方向相邻振幅之比来表示。以半个周期的相邻两个振幅绝对值之比为基准来计算的较多。两个相邻振幅绝对值之比称为波形衰减系数。

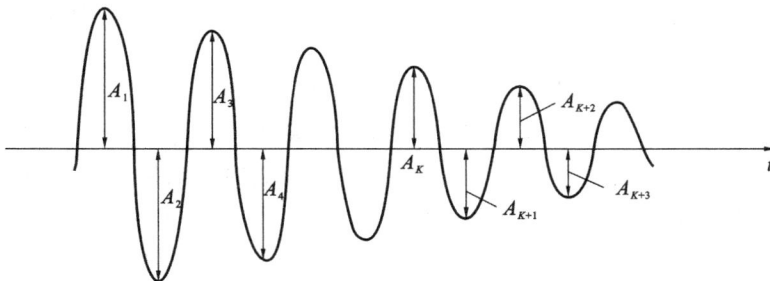

图 8-2 衰减振动波形

1)以半周期为基准的阻尼计算。

半个周期的两个相邻振幅绝对值之比为一常量,则

$$\varphi = \frac{|A_K|}{|A_{K+1}|} = \frac{A\mathrm{e}^{-\varepsilon t}}{A\mathrm{e}^{-\varepsilon\left(t+\frac{T_D}{2}\right)}} = \mathrm{e}^{\frac{1}{2}\varepsilon T_D} = \mathrm{e}^{\frac{\pi D}{\sqrt{1-D^2}}} \tag{8-5}$$

波形衰减系数 φ 表示阻尼振动的振幅(最大位移)按几何级数递减。

用波形衰减系数 φ 的自然对数来表示振幅的衰减则更加方便,如下式:

$$\delta = \ln\varphi = \ln\frac{|A_K|}{|A_{K+1}|} = \frac{1}{2}\varepsilon T_D = \frac{\pi D}{\sqrt{1-D^2}} \tag{8-6}$$

式中, δ 称为振动的对数衰减率,可以利用其求得阻尼比 D。

$$D = \frac{\delta}{\sqrt{\pi^2 + \delta^2}} \tag{8-7}$$

引入常用对数

$$\delta_{10} = \lg\varphi = \delta\lg e = \ln\varphi\lg e, \quad \lg e = 0.4343, \quad \delta = \frac{\delta_{10}}{\lg e} = 2.303\delta_{10} \tag{8-8}$$

便得

$$D = \frac{0.733\lg\varphi}{\sqrt{1+(0.733\lg\varphi)^2}} = \frac{\lg\varphi}{\sqrt{1.862+(\lg\varphi)^2}} \tag{8-9}$$

阻尼比通常就是用上式来计算。

2)在小阻尼时,由于φ很小,这样读数和计算的误差较大,所以一般取相隔若干个波峰序号的振幅比来计算对数衰减率和阻尼比。

$$\varphi^n = \left|\frac{A_K}{A_{K+1}}\right| = e^{\frac{1}{2}n\pi T_D} \tag{8-10}$$

所以

$$\delta = \frac{1}{n}\ln\varphi = \frac{1}{n}\ln\left|\frac{A_K}{A_{K+1}}\right| \tag{8-11}$$

在实际读取阻尼波形振幅读数时,由于基线处理困难,阻尼较大时,基线差一点,φ就相差很大,所以往往读取两个相邻波形的峰值之比$\dfrac{|A_K|+|A_{K+1}|}{|A_{K+1}|+|A_{K+2}|}$,在$\left|\dfrac{A_K}{A_{K+1}}\right| = \left|\dfrac{A_{K+1}}{A_{K+2}}\right|$时,$\varphi = \left|\dfrac{A_K}{A_{K+1}}\right| = \dfrac{|A_K|+|A_{K+1}|}{|A_{K+1}|+|A_{K+2}|}$。这样,实际阻尼波形数值读取就更方便,求得的阻尼比也更加准确。

应该注意,不同资料中对对数衰减率的数值有不同定义,有些是采用半周期取值,有些则采用整周期取值,所以计算结果不同。

8.1.4 实验步骤

参照仪器安装示意图安装好电机(或配重质量块)。加速度传感器接入 INV1601B 型实验仪的第一通道。

(1)开机进入 INV1601 型 DASP 软件的主界面,选择"单通道"按钮。进入单通道示波状态,进行波形和频谱同时示波。

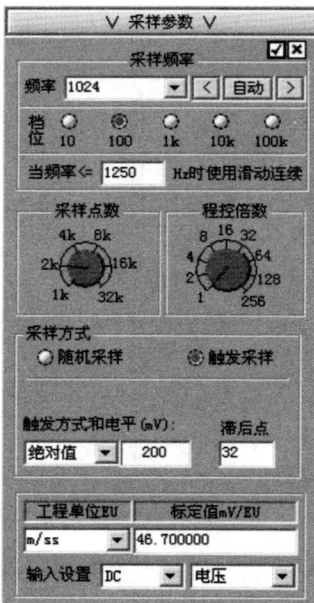

图 8-3 采样参数设置

(2)在"采样参数"中设置采样频率为 1024Hz、采样点数为"2k",标定值和工程单位等参数(按实际输入),采样方式选择"触发采样",如图 8-3 所示。

(3)调节"加窗函数"旋钮为指数窗。如果选中"显示窗函数曲线",在时域波形显示区域中就会出现一条红色的指数曲线。

(4)用小锤或手敲击简支梁或电机,看到响应衰减信号时,按下鼠标左键读数。

(5)把采到的当前数据保存到硬盘上,设置好文件名、实验号、测点号和保存路径。

(6)移动光标收取波峰值和相邻的波谷值并记录,在频谱图中读取当前波形的频率值,如果波形较密,可以直接将波形拉开以便观察。

(7)重复上述步骤,收取不同位置的波峰值和相邻的波谷值。

(8)移动光标收取波峰值,记录波峰值,利用实验原理中的公式手动计算。

8.1.5 实验报告要求

(1)现场测量模型的基本参数。

(2)将模型简化,计算理论固有频率。

(3)对比实验测得的固有频率与理论计算固有频率,思考二者的异同。

8.2 单自由度系统自由衰减振动的固有频率、
阻尼比的测定实验预习报告 >>>

班级：_____ 姓名：_____ 学号：_____

评定	
教师签章	
批阅日期	

1. 根据实验指导书，简述本实验主要测量哪些物理量及对应的测量仪器、方法。

2. 根据实验指导书，简述实验主要步骤。

8.3 单自由度系统自由衰减振动的固有频率、阻尼比的测定实验报告 >>>

班级：_____ 姓名：_____ 学号：_____

同组者姓名：_____

实验日期：_____

评定	
教师签章	
批阅日期	

1. 实验原始记录。

实验次数		第一峰峰值				第二峰峰值			
		波峰值	波谷值	波峰值	周期 T/s	波峰值	波谷值	波峰值	周期 T/s
1	振动幅值				—				—
	对应时刻 t								
2	振动幅值				—				—
	对应时刻 t								
3	振动幅值				—				—
	对应时刻 t								

2. 测量数据整理。

实验次数	第一周期/s	第二周期/s	平均周期/s	频率/Hz	第一周期衰减系数 φ_1	第二周期衰减系数 φ_2	平均衰减系数 φ_m	阻尼比 D
1								
2								
3								

3. 理论计算。

〔提示：将振动实验台上的梁视为等截面简支梁，运用结构动力学知识，忽略梁本身的质量（或将梁的均布质量折合到梁的中部），按单自由度体系计算系统的频率、周期。〕

4. 实验的分析和结论。

[提示：可描述下列内容。(1)分析实测结果和理论计算结果产生不同的原因。(2)分析实验误差的来源和原因,并指出减小不同实验误差的方法。]

5. 思考：能否用自由衰减振动法测试水工闸门系统的固有频率和阻尼系数? 如果能,试举出几种初始干扰方法。

6. 如果实验的对象是悬臂梁,若手锤用力过大,其振动波形将出现什么现象? 测试结果准确吗? 为什么?

第9章 锤击法简支梁模态测试实验

9.1 锤击法简支梁模态测试实验指导书 >>>

9.1.1 实验目的

动载试验是结构试验工作的一个重要组成部分。在 20 世纪 50 年代,以机械阻抗理论为基础的现代模态分析就开始在工程中得到应用,但远没有现在的模态分析应用范围广。随着计算机软硬件技术、快速傅里叶变换技术、激励与测试技术、各种理论分析及数值计算方法的出现与发展,模态分析的应用已达到新的高度,在各个领域都有大量应用模态分析技术解决工程问题的例子。

模态分析技术发展至今,本身并没有统一明确的定义,一般认为模态分析试验是在机械上各点人为地对机械施加激振力,同时测量其响应,由此求出机械上各点的传递函数,最终计算出固有频率和振动模态向量等数据(模态参数)的方法。

进行振动模态分析旨在用模态分析技术解决在工程中遇到的设计、诊断、减振、降噪、提高结构构件性能与质量等问题。

根据使用参数的不同,模态分析应用可分为以下三类。

①振型参数的应用;

②阻尼与固有频率参数的应用;

③模态数据的综合应用。

第一类应用主要是通过对模态振型的分析,来确定结构的振动型态及薄弱环节,最终找出解决振动及噪声问题的方法。第二类应用常用于分析与判断振源及固有模态,诊断结构的故障等。第三类则是对以上各模态参数(模态质量、模态刚度)和频率响应函数等数据的综合利用。它既包括对结构动态性能的分析,也包括预测改变后的结构动态性能等方面的应用。

严格来讲,前两类应用所利用的参数并不是完全独立的,它们在对一类应用问题进行分析时,往往也要利用另一类数据进行辅助分析。因此,模态分析应用又往往根据所解决的问题分为结构振型的显示及分析、结构频率及阻尼特性的分析、故障诊断、荷载识别、模态控制、声强分析、灵敏度分析、模态综合、模态修改、有限元模型的修正和物理参数识别等。最早的模态分析主要是对结构振型、频率与阻尼特性的分析。

模态分析方法是把复杂的实际结构简化成模态模型,来进行系统的参数识别(系统识别),从而大大简化系统的数学运算。通过实验测得实际响应来寻求相应的模型或调整预想的模型参数,使其成为实际结构的最佳描述。随着计算机技术的发展,动画显示、模态修改、修正有限元模型等模态分析方法也已在实践中得以实现。

　　模态分析方法主要应用于振动测量和结构动力学分析,可测得比较精确的固有频率、模态振型、模态阻尼、模态质量和模态刚度;可用模态实验结果指导有限元理论模型的修正,使计算机模型更趋于完善和合理;用于进行结构动力学修改、灵敏度分析和反问题的计算;用于进行响应计算和载荷识别。

　　本实验主要达到以下目的。

　　(1)学习测力法模态分析原理。

　　(2)学习测力法(锤击法)模态测试及分析方法。

9.1.2　实验仪器及软件

　　①振教台;②动态采集分析系统;③加速度传感器;④力锤;⑤简支梁。软件:DHDAS V6.0 版本软件。实验装置框图见图 9-1。

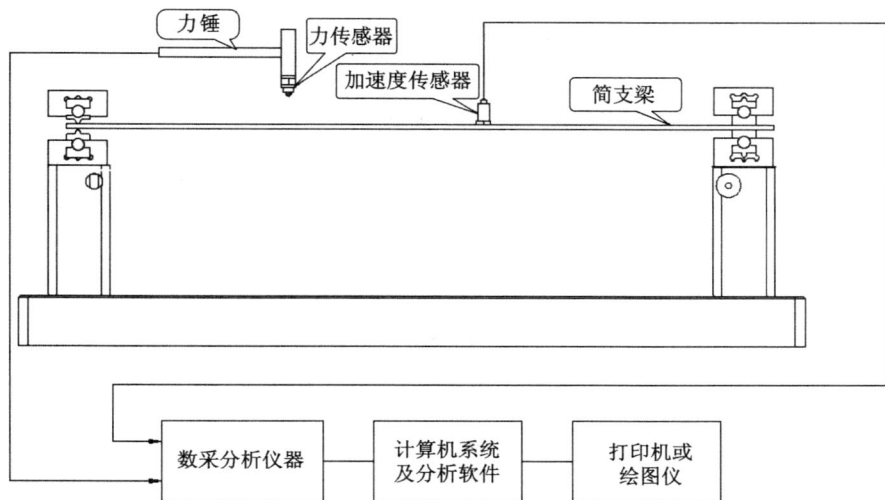

图 9-1　实验装置框图

9.1.3　实验原理

　　工程实际中的振动系统都是连续弹性体,只有掌握无限多个点在每个瞬间的运动情况,才能全面描述系统的振动。因此,理论上它们都属于无限多自由度的系统,需要用连续模型才能加以描述。但实际不可能这样做,通常采用简化的方法将它们归结为有限个自由度的模型进行分析,即将系统抽象为由一些集中质量块和弹性元件组成的模型。如果简化的系统模型中有 n 个集中质量,一般它便是一个 n 自由度的系统,需要 n 个独立坐标来描述它们的运动,系统的运动方程是 n 个二阶互相耦合(联立)的常微分方程。

　　模态分析是在承认实际结构可以运用"模态模型"来描述其动态响应的条件下,通过实验数据的处理和分析,寻求其"模态参数",是一种参数识别的方法。

　　模态分析的实质是一种坐标转换,其目的在于把原在物理坐标系中描述的响应向量,放到"模态坐标系"中来描述。这一坐标系的每一个基向量恰好是振动系统的一个特征向量。也就是说,在这个坐标下,振动方程是一组互无耦合的方程,分别描述振动系统的各阶振动形式,每个坐标均可单独求解,得到系统的某阶结构参数。

　　经离散化处理后,一个结构的动态特性可由 N 阶矩阵微分方程描述:

$$M\ddot{x} + C\dot{x} + Kx = f(t) \tag{9-1}$$

式中 $f(t)$ 为 N 维激振向量;$x,\dot{x},\ddot{x}$ 分别为 N 维位移、速度和加速度响应向量;M、K、C 分别为结构的质量、刚度和阻尼矩阵,C 通常为实对称 N 阶矩阵。

　　设系统的初始状态为零,对式(9-1)两边进行拉普拉斯变换,可以得到以复数 s 为变量的矩阵代数方程:

$$[Ms^2 + Cs + K]X(s) = F(s) \tag{9-2}$$

式中有如下矩阵：

$$Z(s) = [Ms^2 + Cs + K] \tag{9-3}$$

反映了系统动态特性，称为系统动态矩阵或广义阻抗矩阵。其逆矩阵

$$H(s) = [Ms^2 + Cs + K]^{-1} \tag{9-4}$$

称为广义导纳矩阵，也就是传递函数矩阵。由式(9-2)可知

$$X(s) = H(s)F(s) \tag{9-5}$$

在上式中令 $s = j\omega$，即可得到系统在频域中输出信号和输入信号的关系式

$$X(\omega) = H(\omega)F(\omega) \tag{9-6}$$

式中，$H(\omega)$ 为频率响应函数矩阵。$H(\omega)$ 矩阵中第 i 行第 j 列的元素

$$H_{ij}(\omega) = \frac{X_i(\omega)}{F_j(\omega)} \tag{9-7}$$

等于仅在 j 坐标激振(其余坐标激振为零)时，i 坐标响应与激振力之比。

在式(9-3)中令 $s = j\omega$，可得阻抗矩阵

$$Z(\omega) = (K - \omega^2 M) + j\omega C \tag{9-8}$$

利用实际对称矩阵的加权正交性，有

$$\boldsymbol{\Phi}^T M \boldsymbol{\Phi} = \begin{bmatrix} \ddots & & \\ & m_r & \\ & & \ddots \end{bmatrix}, \quad \boldsymbol{\Phi}^T K \boldsymbol{\Phi} = \begin{bmatrix} \ddots & & \\ & k_r & \\ & & \ddots \end{bmatrix}$$

其中矩阵 $\boldsymbol{\Phi} = [\phi_1, \phi_2, \cdots, \phi_N]$ 称为振型矩阵，假设阻尼矩阵 C 也满足振型正交性关系，则

$$\boldsymbol{\Phi}^T C \boldsymbol{\Phi} = \begin{bmatrix} \ddots & & \\ & c_r & \\ & & \ddots \end{bmatrix}$$

代入式(9-8)得到

$$Z(\omega) = \boldsymbol{\Phi}^{-T} \begin{bmatrix} \ddots & & \\ & z_r & \\ & & \ddots \end{bmatrix} \boldsymbol{\Phi}^{-1} \tag{9-9}$$

式中 $z_r = (k_r - \omega^2 m_r) + j\omega c_r$，则

$$H(\omega) = Z(\omega)^{-1} = \boldsymbol{\Phi} \begin{bmatrix} \ddots & & \\ & z_r & \\ & & \ddots \end{bmatrix} \boldsymbol{\Phi}^T$$

因此

$$H_{ij}(\omega) = \sum_{r=1}^{N} \frac{\phi_{ri}\phi_{rj}}{m_r[(\omega_r^2 - \omega^2) + j2\xi_r\omega_r\omega]} \tag{9-10}$$

式中，$\omega_r^2 = \dfrac{k_r}{m_r}$，$\xi_r = \dfrac{c_r}{2m_r\omega_r}$。$m_r$、$k_r$ 分别为第 r 阶模态质量和模态刚度(又称广义质量和广义刚度)。ξ_r、ϕ_r 分别为第 r 阶模态阻尼比和模态振型。

不难发现，N 自由度系统的频率响应，等于 N 个单自由度系统频率响应的线形叠加。为了确定全部模态参数，m_r、ξ_r、$\phi_r(r=1,2,\cdots,N)$ 实际上只需测量频率响应矩阵的任一列[对应一点激振、各点测量的 $H(\omega)$]或任一行[对应各点激振、一点测量的 $H(\omega)^T$]就够了。

试验模态分析或模态参数识别的任务就是由一定频段内的实测频率响应函数数据，确定系统的模态参数：模态频率 ω_r、模态阻尼比 ξ_r 和模态振型 $\phi_r = (\phi_{r1}, \phi_{r2}, \cdots, \phi_{rN})^T$，$r=1,2,3,\cdots,n(n$ 为系统在测试频段内的模态数)。

进行模态分析，首先要测得激振力及相应的响应信号，进行传递函数分析，也称为频响函数分析。传递

函数分析实质上就是机械导纳，i 和 j 两点之间的传递函数表示在 j 点作用单位力时，在 i 点所引起的响应。要得到 i 点和 j 点之间的传递导纳，只要在 j 点加一个频率为 ω 的正弦的力信号激振，而在 i 点测量其引起的响应，就可得到计算传递函数曲线上的一个点。如果 ω 是连续变化的，分别测得其相应的响应，就可以得到传递函数曲线。

然后建立结构模型，采用适当的方法进行模态拟合，得到各阶模态参数和相应的模态振型动画，形象地描述出系统的振动型态。

根据模态分析的原理，要测得传递函数模态矩阵中的任一行或任一列，由此可采用不同的测试方法。要得到矩阵中的任一行，要求采用各点轮流激振、一点测量响应的方法；要得到矩阵中任一列，要求采用一点激振、多点测量响应的方法。实际应用时，单点拾振法常用锤击法激振，用于结构较为轻小、阻尼不大的情况；对于笨重、大型及阻尼较大的系统，则常用固定点激振的方法，用激振器激励，以提供足够的能量。

在测试中使结构系统处于什么状态，是试验准备工作的一个重要方面。

一种经常采用的状态是自由状态，即使试验对象在任一坐标上都不与地面相连接，自由地悬浮在空中。如放在很软的泡沫塑料上或用很长的柔索将结构吊起而在水平方向激振，可认为在水平方向处于自由状态。另一种是地面支承状态，即结构上有一点或若干点与地面固结。如果考虑结构在实际情况支承条件下的模态，这时，可在实际支承条件下进行试验。

9.1.4　实验步骤

1）模型及测点的确定。

简支梁长（X 方向）600mm，宽（Y 方向）56mm，厚（Z 方向）8mm，对于简支梁而言，梁的厚度方向和宽度方向相对于平面方向尺寸相差较大，因此在此处可以将简支梁简化成一个平面结构，仅在 X 方向布置测点，并进行模态实验。即在软件的实验模态界面中，建立 XY 方向的平面模型，平面是 X 方向 600mm，Y 方向 56mm，将 Z 方向作为激励和响应振动方向。测点数目视要得到的模态的阶数而定，测点数依目要多于所要求的阶数，得出的高阶模态结果才可信。此处考虑要获得简支梁的 4 阶模态，将模型等分成 16 段，如图 9-2 所示。

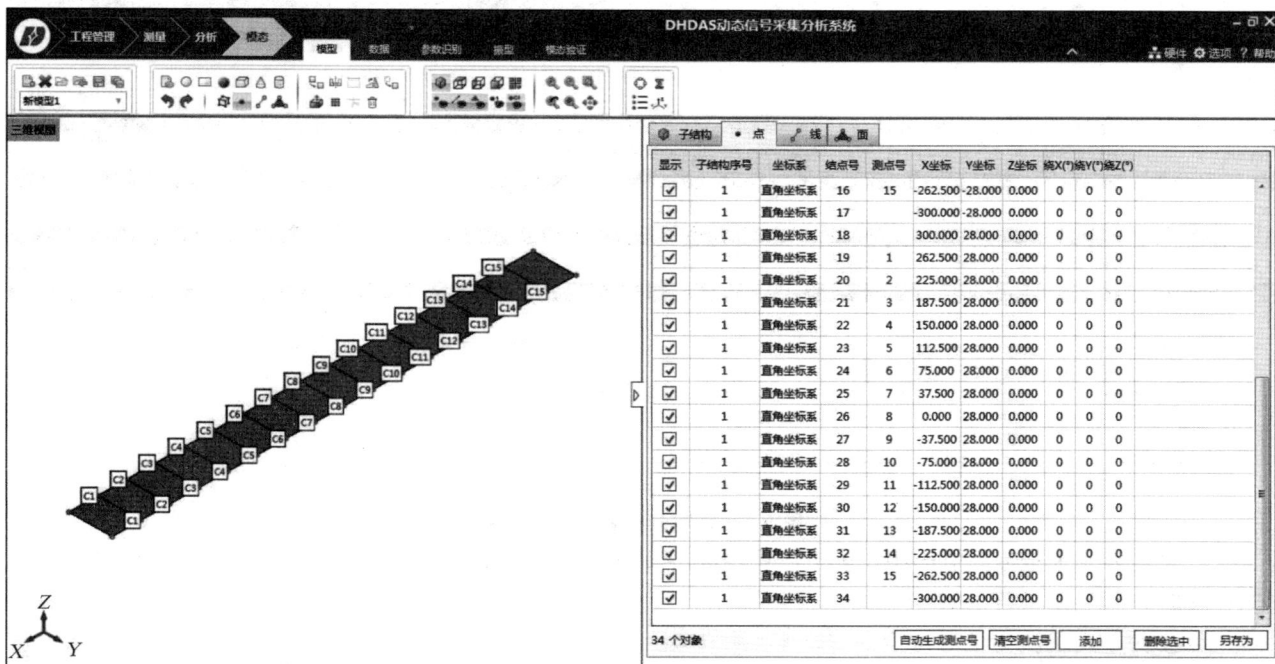

图 9-2　梁的结构示意图和测点分布示意图

由于简支梁的特性为两端固定,因此在确定实际测点时,模型两端的点不作为测点考虑。同时考虑到梁的平面固定因素,梁在受力时,各截面的整体受力大小和方向是相同的。就可以把等分的各个截面的两个点作为一个测点来考虑,综上所述,该简支梁共确定 15 个测点。

将简支梁进行 16 等分,并在梁上按图 9-2 的设计要求,分别标上测点号。

2)模态实验方法。

本次模态实验采用模态实验方法中的单点拾振法,即使用一把力锤和一个加速度传感器来完成模态实验。选取拾振点时要尽量避免使拾振点在模态振型的结点上,此处取拾振点在 6 号测点处,即将加速度传感器安装在梁的 6 号测点。使用力锤依次从第 1 测点敲击到第 15 测点,获得 15 个测点的频响曲线。然后进行模态参数识别,获得梁的模态。

3)系统连接。

系统连接如图 9-1 所示,把力锤(已安装力传感器)输出线接到数据采集仪 1-1 通道,加速度传感器安放在简支梁第 6 测点,输出信号接到 1-2 通道。

4)参数设置。

打开仪器电源,打开 DHDAS 软件,连接成功后,进入软件的工程管理界面新建一个工程文件(文件名自定),进入测量界面,在"测量"—"参数设置"界面中,将采样频率设置为 2kHz,并设置通道的量程范围、传感器的灵敏度及工程单位,加速度传感器接入通道的输入方式为 IEPE,力锤接入通道的输入方式为 IEPE。

说明:力传感器本身为电荷输出型,在单独使用时,需要接入电荷调理器后才能接入数据采集仪。当力传感器与力锤组合后,由于力锤内置有 IEPE 转换器,因此力锤输出信号为电压,软件中输入方式选择 IEPE 即可。同时在输入力锤的灵敏度时要注意,检验证书上给出的分别是力传感器和 IEPE 转换的灵敏度,将 2 个值相乘后才得到力锤的灵敏度,单位为 mV/N。

进入"存储规则"界面,将存储方式选择为连续存储。

进入"信号处理"界面,选择"频响分析",点击"新建"按钮,进行频响分析的参数设置,具体如图 9-3 所示。

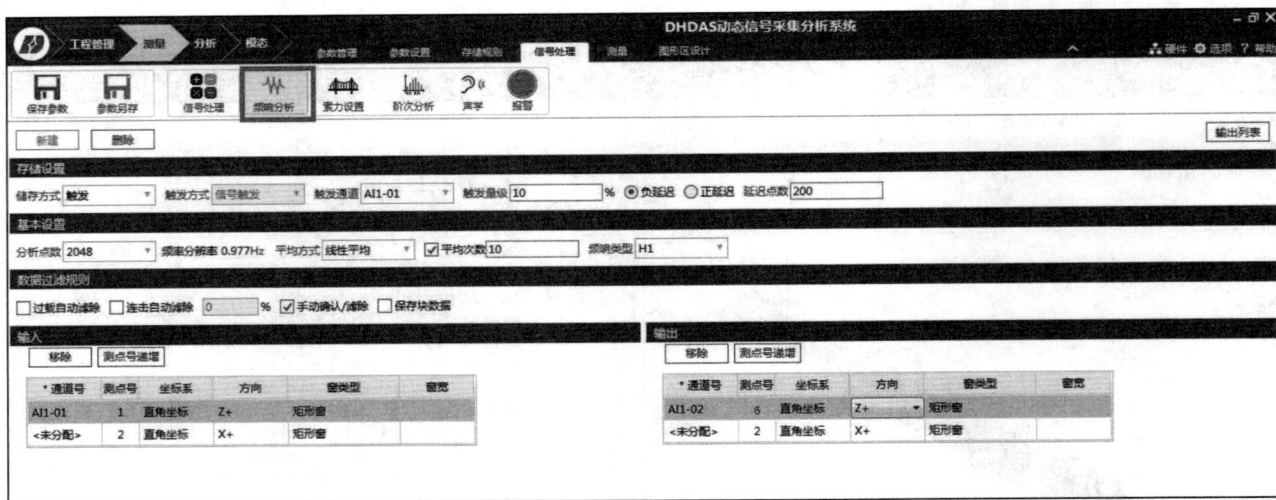

图 9-3 频响分析参数设置界面

(1)储存方式为触发,由于频响分析是软件的一个功能模块,该处选择触发,表示从连续采集的原始数据中,获取满足触发条件的数据。

(2)触发方式默认为信号触发。

(3)触发通道选择 AI1-1,即力锤所接入的通道。

(4)触发量级可以选择 10%,表示当系统测得力锤敲击的力信号大于所设置量程的 10% 时,频响分析达到触发条件,从而获取数据。此处需进行多次预测试,根据实际测量情况,最终选择合适的力信号量程。

（5）迟点数选择负延迟 200 点。

（6）分析点数选择 2048，该参数的大小会影响频响曲线中的频率分辨率，可根据实际测试情况调整。

（7）平均方式选择线性平均，平均次数选择 10 次，表示取 10 次频响数据进行平均处理，得到该测点最终的频响曲线，若测试时间允许，可以再进行几次后取平均，以获得更好的频响曲线。

（8）频响类型选择 H1。

（9）数据过滤规则选择手动确认/滤除。

（10）输入通道添加为 AI1-1；测点号为 1；方向为 $Z+$。

（11）输出通道添加为 AI1-2；测点号为 6；方向为 $Z+$。

（12）设置完毕，进入测量界面。

进入"图形区设计"界面，点击 4 次"2D 图谱"图标，新建 4 个 2D 图谱窗口，返回"测量"界面，如图 9-4 所示，将 4 个"2D 图谱"显示的信号分别选择 AI1-1 力信号、AI1-2 加速度信号、频响曲线、相干曲线进行显示。可以在"图形区设计"界面中选择"数字表"图标，用数字表显示平均次数的值。

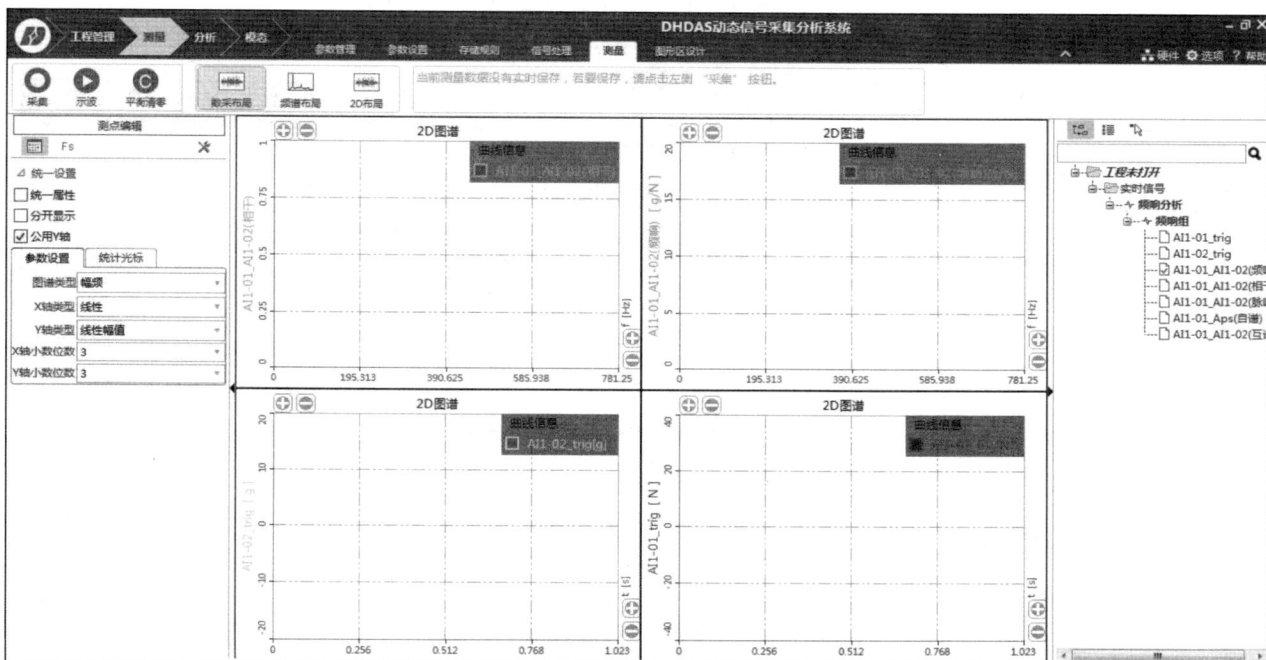

图 9-4 2D 图谱信号选择

5）测量。

（1）预采样。

在示波状态下，用力锤敲击各个测点，观察有无波形。如果通道无波形或波形不正常，就要检查仪器连接是否正确，导线是否接通，传感器、仪器的工作是否正常等，直至波形正确为止。使用适当的敲击力敲击各测点，调节量程范围，直到力的波形和响应的波形既不过载也不过小。该操作主要为观察时间信号是否正常，若软件出现保存提示，请不要保存数据。

（2）正式采集。

点击"采集"按钮，新建测试文件，可将文件命名为"1"，表示从第 1 个测点开始采集数据，如图 9-5 所示。

用力锤敲击简支梁第 1 个测点，就可看到力信号、加速度信号的时域波形以及相应的频响曲线、相干曲线，同时系统会提示是否保存数据，表明已完成一次信号触发。若敲击后未出现提示，则表明敲击力度不够，系统未能进行信号触发采集，请加大敲击力度。点击"是"后，系统进入第二次等待触发的状态，继续进行第 1 个测点的敲击并获得第二次触发的频响曲线，如此重复，直至系统完成 10 次信号触发采集后（即完成第 1 个测点的频响曲线的采集后），点击"停止"按钮。

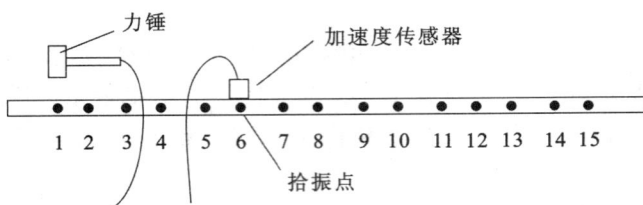

图 9-5　传感器分布示意图

注意：(1)力锤敲击梁时应干净利落，不要造成对梁的多次连击，否则会导致频响曲线异常。(2)"手动确认/滤除"打开后，软件在每次敲击采集数据后，提示是否保存该次试验数据。需要判断敲击信号和响应信号的质量，判断原则为：力锤信号无连击信号，振动信号无过载。

完成第 1 个测点的采集后，点击"测点编辑"按钮，将力锤通道的测点号改为"2"，如图 9-6 所示。对系统进行平衡清零操作，点击"采集"按钮，新建测试文件，文件名为"2"，系统进入等待触发状态，将力锤移动至简支梁的第 2 个测点进行敲击，重复上述操作，并获取第 2 个测点的频响曲线。

照此方法依次完成第 3 个测点至第 15 个测点的频响曲线采集，请认真操作，避免出错。

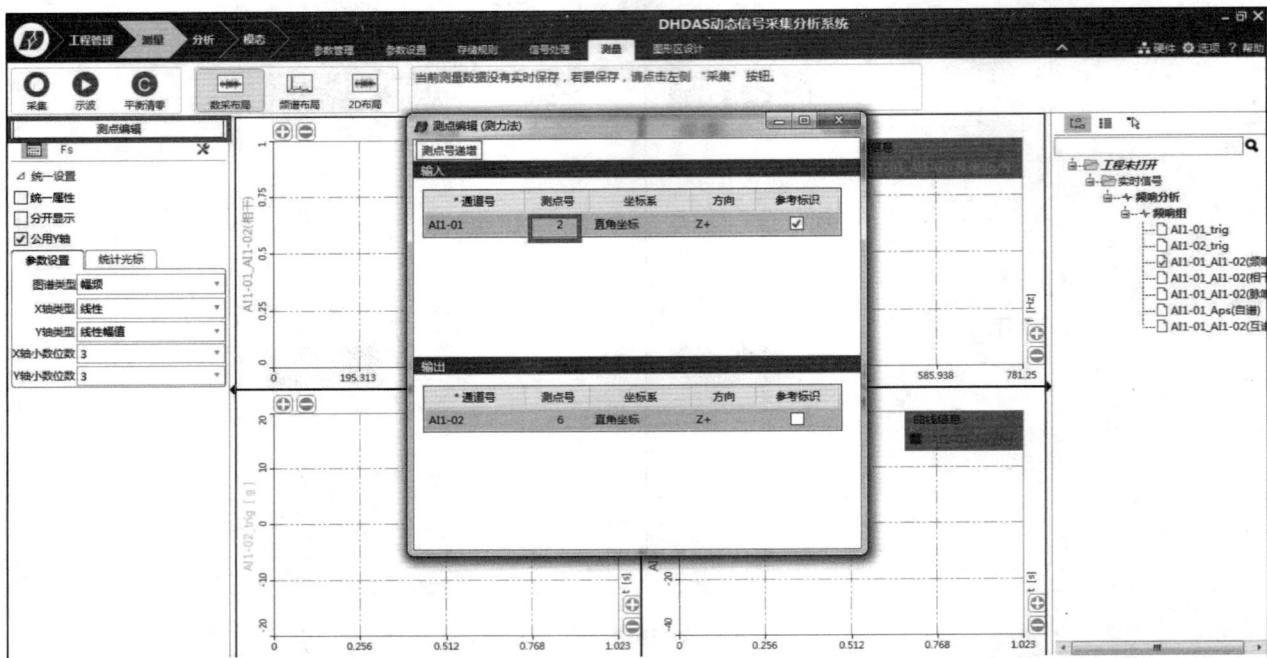

图 9-6　修改测点号

6)模态分析。

(1)几何建模和测点匹配。

完成所有测点的频响曲线采集后，进入软件"模态"界面，点击"矩形"图标，自动创建矩形模型，输入模型的长度参数 600，宽度参数 56，长度分段数 16，宽度分段数 1，点击"确定"按钮，完成模型创建，并点击"结点"图标，显示模型的结点。选中模型，点击"测点"标签，根据模型结点与实际测试时的测点情况，进行结点与测点的匹配，结果如图 9-2 所示。

(2)导入频响曲线数据。

进入"数据"界面，确认实验方法为"测力法"及"单点拾振法"。在界面左侧勾选"单点拾振"项，点击"添加"按钮，所测试的数据将在右侧显示，如图 9-7 所示。

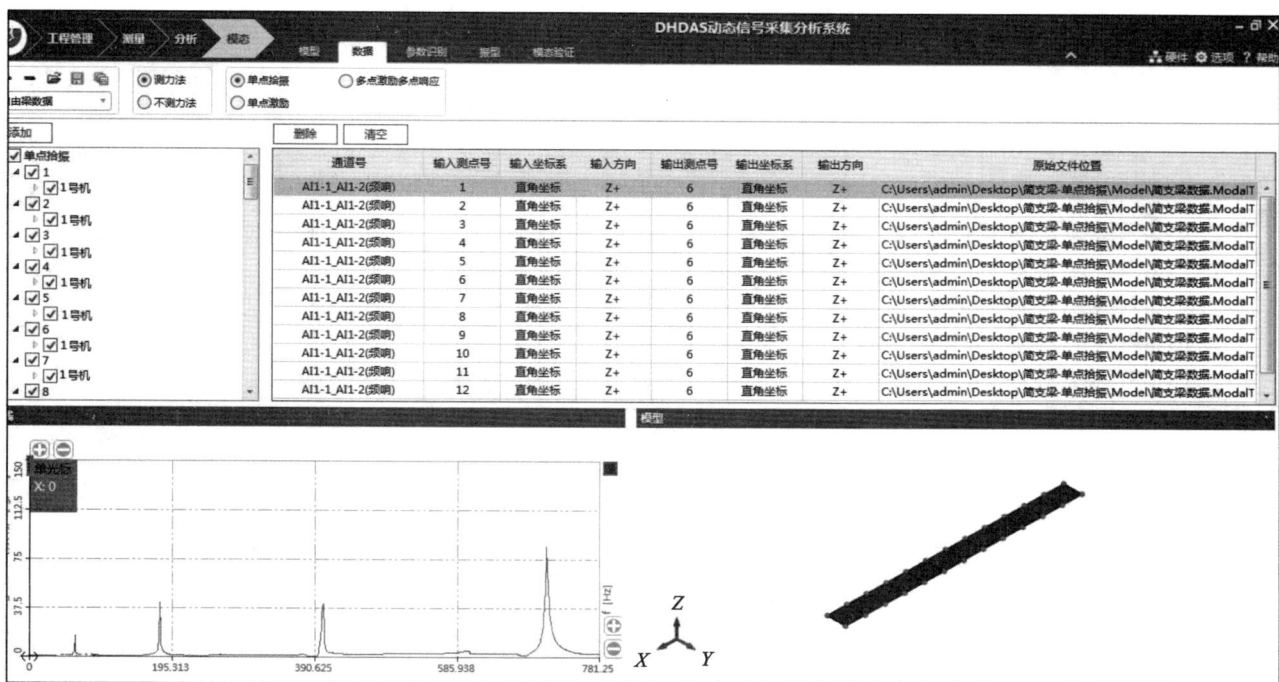

图 9-7　数据导入

（3）参数识别。

进入"参数识别"界面，确认识别方法为 PolyLSCF，在"选择频段"中，用两根竖向光标将所需分析的频率段包含在内（注意：左边的竖向光标需移动到最左边 0 值位置），鼠标上下移动横向光标，确定节点数（节点数大于 4），识别频响曲线中峰值，如图 9-8 所示。

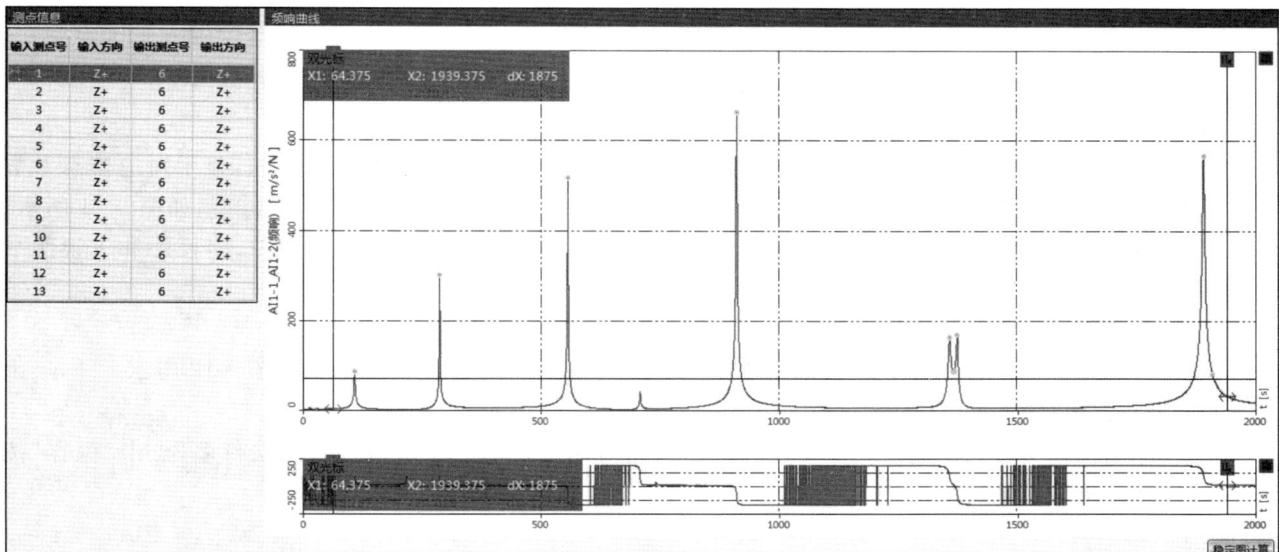

图 9-8　选择频段

点击"稳态图计算"按钮计算稳定图，并进入"稳定图"界面。界面中可查看已计算的稳定图，稳定图中的"S"代表 3 种模态参数全部稳定（每个参数都处在给定的精度范围之内），"V"代表频率和模态参与因子稳定。移动鼠标至"S"比较多的频率点上，下方可查看对应鼠标位置的极点信息，单击鼠标左键，选择对应极点（每个频率只需选择 1 个极点），并显示在左侧极点列表中，如图 9-9 所示。

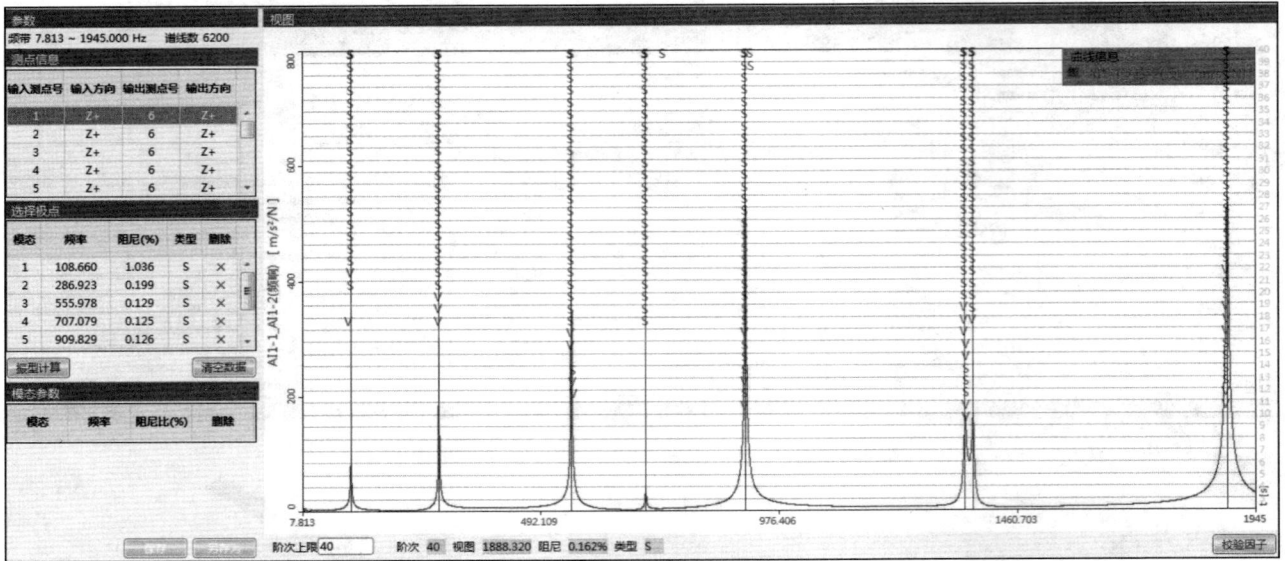

图 9-9　稳定图及选择极点

极点选择完毕后,点击"振型计算"按钮,弹出归一化设置方法,如图 9-10 所示。采用默认的"振型值最大点归一"方法,点击"确定"按钮完成计算,并将结果显示在左下方模态参数列表中,点击"保存"按钮,保存模态结果。

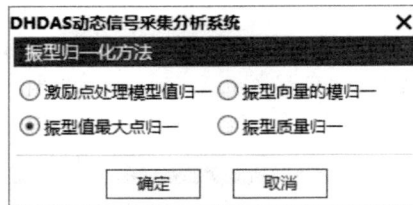

图 9-10　振型归一化方法选择

7)振型显示。

模态参数计算完毕后,点击"振型"标签,进入振型动画显示界面。点击"动画"按钮,显示对应模态参数文件下各阶模态振型,移动鼠标至列表中各频率点上,单击鼠标左键,将直接显示对应振型,如图 9-11 所示。点击相应按钮可以对动画进行控制,如需更换,在视图选择中选取显示方式,有单视图、多模态和三视图三种;还可以改变显示色彩方式、振幅、速度和大小等。

8)MAC 模态验证。

进入"模态验证"界面,点击 MAC 按钮,查看对应模态参数文件下的 MAC 图,如图 9-12 所示。

9)振型输出。

点击"输出视频文件"或"输出图像文件"按钮,弹出对话框,输入文件存储路径、文件名,点击"保存"按钮,可将振型输出为动画或图片。

(a)

(b)

(c)

(d)

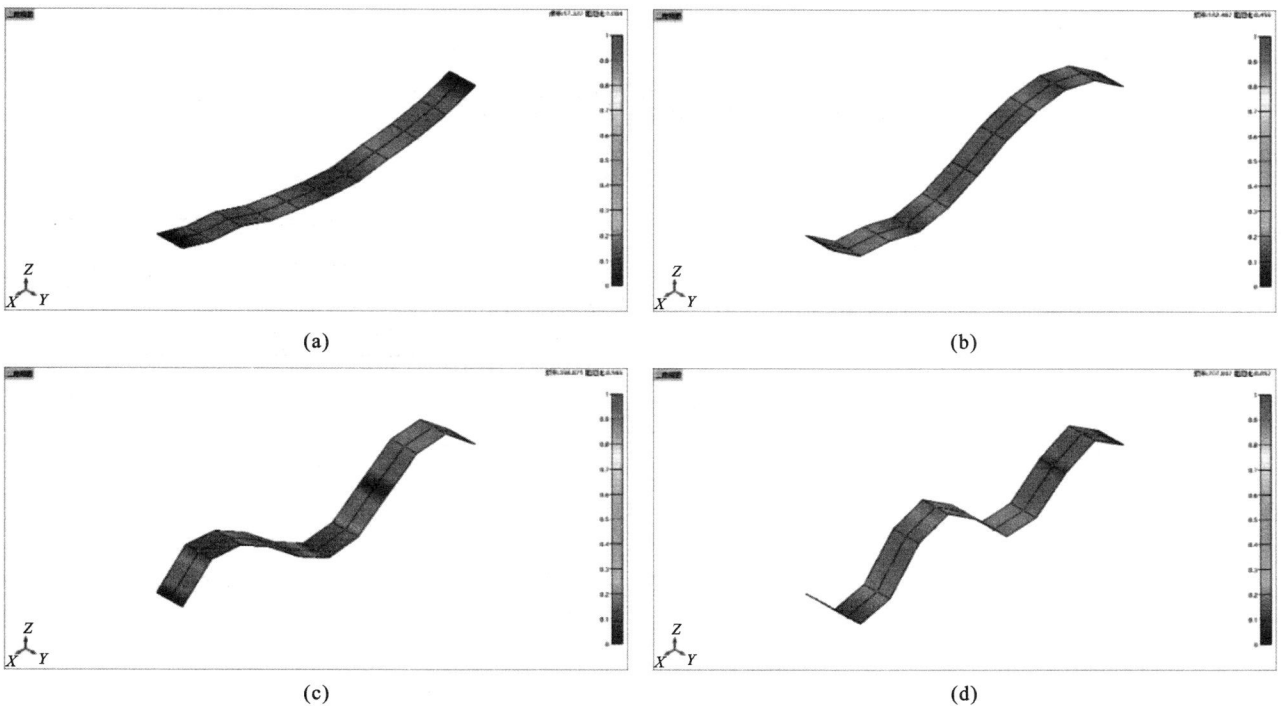

图 9-11 前四阶振型

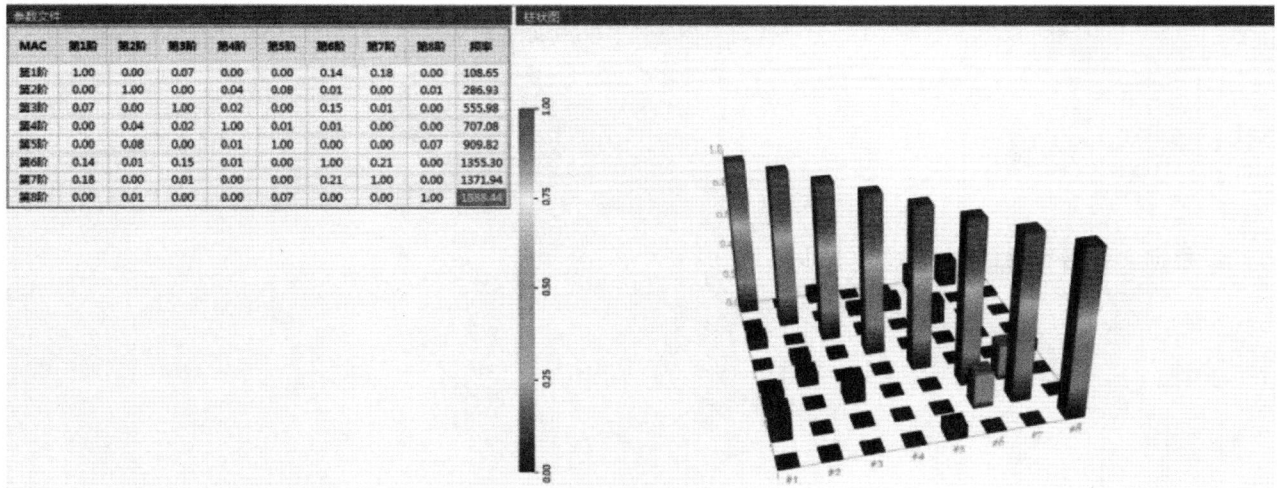

MAC	第1阶	第2阶	第3阶	第4阶	第5阶	第6阶	第7阶	第8阶	频率
第1阶	1.00	0.00	0.07	0.00	0.00	0.14	0.18	0.00	108.65
第2阶	0.00	1.00	0.00	0.04	0.08	0.01	0.00	0.01	286.93
第3阶	0.07	0.00	1.00	0.02	0.00	0.15	0.01	0.00	555.98
第4阶	0.00	0.04	0.02	1.00	0.01	0.01	0.00	0.00	707.08
第5阶	0.00	0.08	0.00	0.01	1.00	0.00	0.00	0.07	909.82
第6阶	0.14	0.01	0.15	0.01	0.00	1.00	0.21	0.00	1355.30
第7阶	0.18	0.00	0.01	0.00	0.00	0.21	1.00	0.00	1371.94
第8阶	0.00	0.01	0.00	0.00	0.07	0.00	0.00	1.00	1588.44

图 9-12 MAC 验证

9.2　锤击法简支梁模态测试实验预习报告　　>>>

班级：_____　　姓名：_____　　学号：_____

评定	
教师签章	
批阅日期	

1.根据实验指导书，简述本实验主要测量哪些物理量及对应的测量仪器、方法。

2.根据实验指导书，简述实验主要步骤。

9.3 锤击法简支梁模态测试实验报告 >>>

班级:＿＿＿＿＿＿ 姓名:＿＿＿＿＿＿ 学号:＿＿＿＿＿＿

同组者姓名:＿＿＿＿＿＿＿＿＿＿＿＿＿＿＿＿＿＿＿

实验日期:＿＿＿＿＿＿＿＿＿＿＿＿＿＿＿＿＿＿＿＿＿

评定	
教师签章	
批阅日期	

1. 记录测试过程中软件显示的模态参数。

模态参数	第一阶	第二阶	第三阶	第四阶
频率				
阻尼比				

2. 手绘各阶模态振型图。

3. 思考题:为什么要求力锤敲击简支梁时干净利落?

第 10 章　混凝土结构的强度无损检测实验

10.1　混凝土结构的强度无损检测实验指导书　>>>

10.1.1　实验目的

目前世界各国对于工程结构的使用寿命,特别是工程结构的剩余寿命都极为关注。这主要是因为现存的已建结构逐渐增多,有的到了老龄期,需要更换;有的则进入危险期,有破坏、倒塌的风险。无损检测混凝土强度的方法是以硬化混凝土的某些物理量与混凝土标准强度之间的相关性为基本依据,在不破坏混凝土结构的前提下,测量混凝土的某些物理特性,如按相关关系由混凝土表面的回弹值推出混凝土的强度,作为检测结果。

本实验主要达到以下目的。

(1)了解回弹仪的基本构造,掌握回弹仪的正确使用方法。

(2)掌握混凝土的强度检测的回弹法。

(3)掌握混凝土的强度检测的超声回弹综合法。

10.1.2　实验内容

分别用回弹法和超声回弹综合法对混凝土试件进行强度检测。

10.1.3　实验仪器及工具

混凝土回弹仪、非金属超声波仪、率定钢砧、混凝土试件、钢尺、锤头、凿子、酚酞溶液、耦合剂、混凝土碳化深度尺。

10.1.4　实验原理

混凝土是一种刚性材料,在瞬时外力冲击下,会对施力物体产生反力,当施力物体质量与冲击时的动能一定时,混凝土对其反力的大小反映了其本身的硬度。混凝土的强度与其表面硬度有十分密切的关系。混凝土的硬度越大,碰撞时回弹仪弹击杆的回弹距离越大。

回弹法检测混凝土抗压强度是通过检测混凝土表面硬度,用碳化深度值修正的结果推算混凝土强度的一种方法。国家或地方通过大量的试验,获得统一测强曲线或者地方测强曲线,详见《回弹法检测混凝土抗压强度技术规程》(JGJ/T 23—2011)。回弹法检测混凝土抗压强度的特点是回弹仪器简单、操作方便且具有一定的测试精度,但回弹仪所测得的回弹值只反映混凝土表层的质量,所以回弹法要求混凝土构件的表面质量与内部质量一致。用回弹仪的弹击杆撞击混凝土表面,利用冲击碰撞的回跳来反映被测混凝土表面的硬度。利用回弹仪测量弹击锤的回弹值,再利用回弹值与混凝土表面硬度(强度)的关系,就可以推断混凝土的强度。回弹仪工作时,随着对回弹仪施压,弹击杆徐徐向机壳内推进,拉力弹簧被拉伸,使连接拉力弹簧的弹击锤获得恒定的冲击能量 E,当仪器呈水平状态时,其冲击能量 E 可由下式计算:

$$E = \frac{1}{2}KL^2 = 2.208(\text{J})$$

式中,K 表示拉力弹簧的刚度,取 785.0N/m;L 表示拉力弹簧工作时拉伸长度,取 0.075m。

当挂钩与调零螺钉互相挤压时,弹击锤脱钩,于是弹击锤的冲击面与弹击杆的后端平面相碰撞,此时弹击锤释放出来的能量借助弹击杆传递给混凝土构件,混凝土弹性反应的能量又通过弹性杆传递给弹性锤,使弹性锤获得回弹的能量后弹回。计算弹击锤回弹的距离 L' 和弹击锤脱钩前距弹击杆后端平面的距离 L 之比,即得回弹值 R。它由仪器外壳上的刻度尺示出,带液晶显示屏的数显回弹仪可直接显示回弹值。

由前述回弹原理可知,回弹仪的检测过程伴随着弹簧的拉压、弹击杆的撞击与反弹、现场弹击粉尘进入回弹仪内部等,随着不断弹击回弹,回弹仪的标准状态会发生细微的变化,针对相同强度混凝土的测量回弹值会发生少许偏移。为确保结构及构件非破损检测的数据准确,根据《回弹法检测混凝土抗压强度技术规程》(JGJ/T 23—2011)的要求,在每次检测前后均必须进行回弹仪的率定试验(以下简称"率定"),排除非标准状态的回弹仪在检测过程中的误使用。率定就是用回弹仪采用标准方法弹击标准硬度、标准型式的钢砧,回弹仪的回弹值应落在标准规定的范围内。

超声波在混凝土中传播时,其速度的平方与混凝土的弹性模量 E_c 成正比,与混凝土的密度成反比,与混凝土的强度成正比。混凝土有空洞、强度低,则超声波穿透时间长;混凝土密实、强度高,则超声波穿透时间短,故可用超声波在混凝土中的传播速度快慢来推定其强度大小。在实际工程中,往往通过测量收、发换能器之间的直线距离和超声脉冲波的传播时间来间接测得超声波在混凝土中的传播速度。将超声波检测仪从发射探头发射的脉冲信号第一次到达接收探头的信号称为首波。超声脉冲波通过混凝土被换能器接收后,由超声波检测仪显示的首波信号的幅度称为超声波波幅。超声波检测仪主要检测首波到达的时间和首波的波形。

超声回弹综合法是采用低频超声波检测仪和回弹仪,在结构或构件的混凝土同一测区分别测量超声声时及回弹值,并利用已经建立的测强公式,推算该测区混凝土强度的一种方法。应用超声回弹综合法时,混凝土构件应满足《超声回弹综合法检测混凝土抗压强度技术规程》(T/CECS 02—2020)的有关要求。与单一的回弹法或超声法相比,超声回弹综合法具有以下优点:混凝土的龄期和含水率对回弹值和声速都有影响,两者结合的综合法可以减少混凝土龄期和含水率的影响;回弹法通过混凝土表层的弹性和硬度反映混凝土的强度,超声声速测量则通过整个截面的弹性特性反映混凝土的强度。采用超声回弹综合法,可以内外结合,弥补不足,较全面地反映混凝土的实际质量。

为保证回弹仪在检测时的准确性,在对工程检测前后,都应将回弹仪置于钢砧上做率定,确认其是否处于标准状态。在工程检测中,若回弹量很大,应考虑多带几台回弹仪,甚至把钢砧带到现场,根据需要进行率定,以免测得的数据不可靠。

回弹仪的率定是为了检验回弹仪的冲击能量是否等于或接近表 10-1 中的标定能量。

表 10-1　　　　　　　　　　　　回弹仪率定值和钢砧技术参数

	普通回弹仪率定用钢砧			高强混凝土回弹仪率定用钢砧
	砖	砂浆	混凝土	高强混凝土
洛氏硬度 HRC	60±2			60±2
回弹率定值	74±2		80±2	88±2
重量/kg	—			20
备注	各回弹仪生产厂家采用的钢砧型号各不相同,但钢砧硬度和回弹率定值是一样的			现生产的高强混凝土回弹仪型号有几种,由于无正式高强混凝土强度检测规程,使用的回弹仪及相应钢砧还不统一。这里仅给出天津建筑仪器厂生产的 GHT-450 型回弹仪及配套率定用钢砧技术要求

10.1.5 实验步骤

1）回弹法检测混凝土抗压强度。

（1）回弹仪率定。

回弹仪率定试验宜在干燥、室温为 5～35℃ 的条件下进行。率定时，钢砧应稳固地放在刚度大的物体上。测定回弹值时，取连续向下弹击 3 次的稳定回弹平均值。弹击杆应分 4 次旋转，每次宜旋转 90°。弹击杆每旋转 1 次的率定平均值应为 80±2。

（2）配置酚酞溶液。

按照比例配置浓度为 1% 的酚酞酒精溶液。

（3）测区布置。

测区布置应符合下列规定。

①每一结构或构件测区数不应少于 10 个，对某一方向尺寸小于 4.5m 且另一方向尺寸小于 0.3m 的构件，其测区数量可适当减少，但不应少于 5 个。

②相邻两个测区的间距应控制在 2m 以内，测区离构件端部或施工缝边缘的距离不宜大于 0.5m，且不宜小于 0.2m。

③测区的选取应尽量满足使回弹仪处于水平方向检测混凝土浇筑侧面。

④测区宜选在构件的两个对称可测面上，也可选在一个可测面上，且应均匀分布。在构件的重要部位及薄弱部位必须布置测区，并应避开预埋件。

⑤测区的面积不宜大于 $0.04m^2$。

⑥检测面应为混凝土表面，并应清洁、平整，不应有疏松层、浮浆、油垢、涂层、蜂窝以及麻面，必要时可用砂轮清除疏松层和杂物，且不应有残留的粉末或碎屑。

（4）测量。

根据划分的测区，在混凝土构件上的每个测区回弹 16 次，同一位置不要重复弹击。操作时，将回弹仪垂直对准混凝土侧面并轻压回弹仪，使弹击杆伸出，然后正常试验。回弹完成后，进行混凝土碳化试验，在有代表性的位置上测量碳化深度值，测点不应少于构件测区数的 30%，取其平均值作为该构件每个测区的碳化深度值。当碳化深度值极差大于 2.0mm 时，应在每个测区测量碳化深度值。

碳化深度值测量可采用适当的工具在测区表面形成直径约 15mm 的孔洞，其深度应大于混凝土的碳化深度。孔洞中的粉末和碎屑应清除干净，并不得用水擦洗。同时，应采用浓度为 1% 的酚酞酒精溶液滴在孔洞内壁的边缘处，当已碳化与未碳化界线清楚时，再用混凝土碳化深度尺测量已碳化与未碳化混凝土交界面到混凝土表面的垂直距离，测量不应少于 3 次，取其平均值。每次读数精确至 0.25mm，平均值精确至 0.5mm。

（5）数据处理。

按照《回弹法检测混凝土抗压强度技术规程》（JGJ/T 23—2011）的方法进行处理。

2）超声回弹综合法检测混凝土抗压强度。

（1）回弹仪的使用及率定操作，详见回弹法检测混凝土抗压强度。

（2）回弹值的测量。

用回弹仪测试时宜使仪器处于水平方向测试混凝土浇筑侧面。超声对测或角测时，回弹测试应在测区内超声波的发射面和接收面各测读 5 个回弹值。超声平测时，回弹测试应在测区内超声波的发射测点和接收测点之间测读 10 个回弹值。每个测点回弹值的测读应精确至 1，且同一测点应只允许弹击 1 次。如不能满足这一要求，也可非水平状态测试或测试混凝土浇筑方向的顶面或底面。相邻两测点的间距一般不小于 30mm，测点距构件边缘或外露钢筋铁件的距离不小于 50mm，且同一测点只允许弹击 1 次。

（3）超声声时值的测量。

超声测点应布置在回弹测试的同一测区内。测量超声声时值时，应保证换能器与混凝土耦合良好。测试的声时值应精确至 $0.1\mu s$，声速值应精确至 0.01km/s。在每个测区内部测试面上应各布置 3 个测点，且发射和接收换能器的轴线应在同一轴线上。

按照《超声回弹综合法检测混凝土抗压强度技术规程》(T/CECS 02—2020)第 5 章的方法进行回弹值及声速值测量。

(4)混凝土强度的推定。

构件第 i 个测区的混凝土强度换算值 $f^c_{cu,i}$，应根据修正后的测区回弹值 R_{ai} 及修正后的测区声速值 v_{ai}，优先采用专用或地区测强曲线推定。当无该类测强曲线时，经验证后也可用下列公式计算：

$$f^c_{cu,i} = 0.0286 v_{ai}^{1.999} R_{ai}^{1.155}$$

式中，$f^c_{cu,i}$ 为第 i 个测区的混凝土强度换算值(MPa)，精确到 0.1MPa；v_{ai} 为第 i 个测区修正后的声速值(km/s)，精确至 0.01 km/s；R_{ai} 为第 i 个测区修正后的回弹值，精确至 0.1。

10.1.6　实验要求

(1)严格按照混凝土强度检测规程操作。

(2)实验中正确记录各要求的数据。

(3)实验后整理实验数据，并写出实验报告。

10.2　混凝土结构的强度无损检测实验预习报告　>>>

班级：_____　姓名：_____　学号：_____

评定	
教师签章	
批阅日期	

1. 根据实验指导书，简述本实验主要测量哪些物理量及对应的测量仪器、方法。

2. 查阅相关资料，简述回弹仪的基本构造，必要时可画图示例。

10.3　混凝土结构的强度无损检测实验报告　>>>

班级：_____　姓名：_____　学号：_____

同组者姓名：_____

实验日期：_____

评定	
教师签章	
批阅日期	

1.回弹法检测原始记录。

编号		回弹值																碳化深度
构件	测区	1	2	3	4	5	6	7	8	9	10	11	12	13	14	15	16	
	1																	
	2																	
	3																	
	4																	
	5																	
	6																	
	7																	
	8																	
	9																	
	10																	

测面状态	侧面、表面、底面	干、潮湿	回弹仪	编号		回弹仪检定证号	
测试角度	水平、向上、向下			率定值			

2.回弹法检测数据整理。

	测区	1	2	3	4	5	6	7	8	9	10
回弹值	测区平均值										
	角度修正值										
	角度修正后										
	浇灌面修正值										
	浇灌面修正后										
平均碳化深度											
测区强度值											
强度计算											

3．超声回弹综合法检测原始记录。

测区		1	2	3	4	5	6	7	8	9	10
测距 l/mm											
声时值 t/μs	t_1										
	t_2										
	t_3										
	t_m										
声速值 v/(km/s)											
修正后的声速值 v_a/(km/s)											

测试面：　　　　　　　　声时修正值：

操作		记录		计算		日期	

4．超声回弹综合法检测数据整理。

测区		1	2	3	4	5	6	7	8	9	10
修正后的声速值 v_a/(km/s)											
修正后的回弹值 R_a											
混凝土强度换算值/MPa	仪器推荐曲线结果										
	计算公式结果										

5．思考题。

（1）为什么说回弹法和超声回弹综合法对混凝土强度的测定值是"推定值"？

（2）为什么回弹测点只允许弹击 1 次？

第 11 章 电磁感应法检测混凝土中钢筋位置实验

11.1 电磁感应法检测混凝土中钢筋位置实验指导书 >>>

11.1.1 实验目的

钢筋是混凝土结构的主要组成构件,直接决定了结构的抗弯、抗压、抗剪、抗震、抗冲击性能,混凝土中钢筋分布、保护层厚度对结构的承载力以及耐久性有很大的影响。由于施工中的不当措施以及环境条件的影响,在工程中钢筋位置发生位移、保护层厚度不足都是常见的问题。《混凝土结构工程施工质量验收规范》(GB 50204—2015)对工程的梁、板类构件的保护层厚度检测提出了明确的要求。在对既有结构进行评估、改造的过程中,也要对内部的钢筋分布(数量、规格)、保护层厚度进行现场检测。另外,在对钢筋混凝土钻孔取芯或安装设备钻孔时,需要避开主筋位置,也需探明钢筋的实际位置。因此,混凝土中钢筋的无损检测应用越来越广泛。

由于钢筋在混凝土结构中被混凝土握裹,不具备直接检测的条件,在不破坏混凝土的前提下对钢筋各项参数进行检测,称为钢筋的无损检测。现有钢筋的无损检测方法主要有红外线扫描检测法、射线照相检测法、探地雷达检测法和电磁感应法。

红外线扫描检测法具有非接触、远距离、大面积扫查、结果直观等优点。此方法在定性判断方面较直观,但在定量判断上误差较大。另外,试验过程需要高频磁场感应加热,给现场检测带来了不便。

射线照相检测法可以用透照的办法给出缺陷的直观图像,这不但有利于迅速判断缺陷的危害程度,而且可以给出钢筋的实际位置图像。但射线照相检测法需要强大的射线发射源,设备笨重,需要强电供电设施,且射线发射源及检测过程中存在许多安全隐患,所以此检测方法不适宜现场检测。

探地雷达技术可以检测钢筋的埋置深度和位置,但探地雷达检测设备昂贵且定量性差,探头(天线)尺寸大,不方便在检测现场操作。

本实验针对在钢筋定位无损检测方面应用最为广泛的电磁感应法展开,主要达到以下目的。

(1)了解电磁感应法钢筋检测仪的基本原理,掌握其正确使用方法。

(2)掌握混凝土中钢筋位置(表面投影)的测定方法。

(3)掌握混凝土中钢筋保护层厚度的测定方法。

11.1.2 实验内容

用电磁感应法对混凝土中钢筋位置(表面投影)和保护层厚度进行测定。

11.1.3　实验仪器及工具

电磁感应法钢筋检测仪、电磁感应法钢筋校准试件、钢直尺、游标卡尺、记号笔、打磨机。

11.1.4　实验原理

当穿过闭合线圈的磁通改变时，线圈中出现电流的现象叫作电磁感应。当整块金属内部的电子受到某种非静电力（如由电磁感应产生的洛伦兹力或感生电场力）时，金属内部就会出现感应电流，这种电流称为涡流。由于多数金属的电阻率很小，因此不大的非静电力往往可以激起很大的涡流。

电磁感应法检测混凝土中钢筋位置是一种利用电磁感应原理探测金属位置的方法，由单个或多个线圈组成的探头产生电磁场，当钢筋或其他金属物体位于该电磁场时，磁力线会变形。金属产生的干扰导致电磁场强度的分布改变，被探头探测到，再通过仪器显示出来。如果对所检测的钢筋尺寸和材料事先进行适当的标定，电磁感应法可以用于检测钢筋位置、数量、直径及混凝土保护层厚度。

电磁感应法检测混凝土中钢筋位置工作原理如图 11-1 所示。

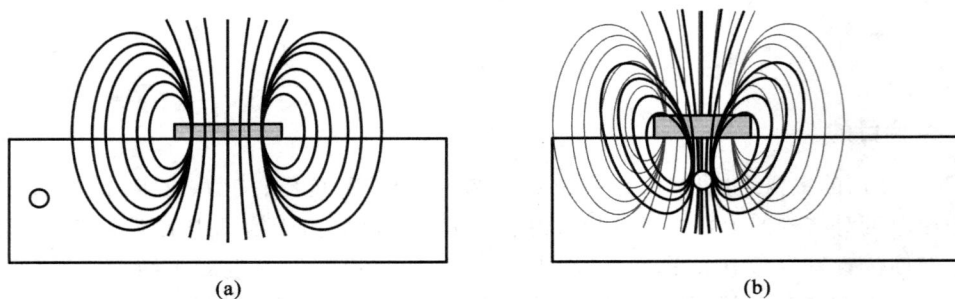

图 11-1　电磁感应法工作原理
(a)探头未靠近钢筋时，未变化的磁场图像；(b)探头遇到钢筋时，产生变化的磁场图像

根据电磁感应原理，由主机的振荡器产生频率和振幅稳定的交流信号，送入探头的激磁线圈，在线圈周围产生交变磁场，引起测量线圈出现感生电流，产生输出信号。当没有铁磁性物质（如钢筋）进入磁场时，由于测量线圈的对称性，此时输出信号最小。而当探头逐渐靠近钢筋时，探头产生的交变磁场在钢筋内激发出涡流，变化的涡流反过来又激发变化的电磁场，引起输出信号值慢慢增大。探头位于钢筋正上方，且其轴线与被测钢筋平行时，输出信号值最大，由此定出钢筋的位置和走向。

当不考虑信号的衰减时，测量线圈输出的信号值 E 是钢筋直径 D 和探头中心至钢筋中心的垂直距离 y 以及探头中心至钢筋中心的水平距离 x 的函数，可表示为

$$E = f(D, x, y)$$

当探头位于钢筋的正上方时，$x=0$。此时可简单地表示为

$$E = f(D, y)$$

因此，当已知钢筋直径 D 时，测出信号值 E 的大小，便可以计算出 y，而保护层厚度 $c=y-D/2$。

11.1.5　实验步骤

1)设备出库校准。

(1)将电磁感应法钢筋检测仪从仪器柜中取出，填写设备出入库记录。

(2)采用校准试件对电磁感应法钢筋检测仪进行校准。

应在试件各测试表面标记出钢筋的实际轴线位置，用游标卡尺量测 2 根外露钢筋在各测试面的实际保护层厚度值，取其平均值，精确至 0.1mm。

采用游标卡尺量测钢筋直径，精确至 0.1mm，并通过《钢筋混凝土用钢　第 1 部分：热轧光圆钢筋》(GB/T 1499.1—2017)和《钢筋混凝土用钢　第 2 部分：热轧带肋钢筋》(GB/T 1499.2—2018)等查出其对应的钢筋公称直径。

校准时,将电磁感应法钢筋探测仪探头在试件上进行扫描,并标记出仪器所指定的钢筋轴线。采用钢直尺量测试件表面电磁感应法钢筋探测仪所测定的钢筋轴线与实际钢筋轴线之间的最大偏差。记录电磁感应法钢筋探测仪指示的保护层厚度检测值。

电磁感应法钢筋探测仪检测值和实际量测值的偏差均应符合如下要求:用于混凝土保护层厚度检测的仪器,当混凝土保护层厚度为 10～50mm 时,保护层厚度的检测允许偏差应为 ±1mm;当混凝土保护层厚度大于 50mm 时,保护层厚度的检测允许偏差应为 ±2mm;用于钢筋位置(表面投影)检测的仪器,当混凝土保护层厚度为 10～50mm 时,钢筋间距(表面投影)的检测允许偏差应为 ±2mm。

经过校准合格或部分合格的电磁感应法钢筋探测仪,应注明所采用的校准试件的钢筋牌号、规格以及校准试件材质。

2)检测面准备工作。

(1)根据设计资料了解钢筋的直径和间距。本实验对模拟演示试块钢筋进行模拟检测,模拟演示检测面配筋采用:φ18(模拟主筋)、φ10(模拟箍筋),主筋保护层厚度分别为 10mm、20mm、…、80mm、90mm。

(2)根据检测目的确定检测部位,检测部位应避开钢筋接头、绑丝及金属预埋件。检测部位的钢筋间距应符合电磁感应法钢筋探测仪的检测要求。

(3)根据所检钢筋的布置状况,确定垂直于所检钢筋轴线方向为探测方向,检测部位应平整、光洁。

3)钢筋位置扫描。

(1)探头校正调零。

电磁感应法钢筋探测仪开机预热 2min,然后将探头放置在空中,避免金属等导磁介质干扰,按动校正调零键。检测过程中,当对结果有怀疑时,应随时核查钢筋检测仪的零点状态,避免磁场干扰影响测试数据的准确性。

(2)预扫描。

根据设计资料确定钢筋走向等布设状况,如无法确定,应在两个正交方向多点扫描,以确定钢筋走向。探头应平行于钢筋轴线在检测面沿垂直于钢筋轴线的方向匀速移动,移动速度不大于 20mm/s,在找到钢筋以前应避免来回移动探头,否则易造成误判。

(3)精确位置(表面投影)确定。

听到仪器报警声后往回平移探头,放慢探头移动速度,如此往复,直到钢筋探测仪保护层厚度示值达到最小,此时探头中心线与钢筋轴线在测试表面的投影线重合,在相应位置用粉笔做好标记。

按照上述步骤将相邻的其他钢筋位置标出。

4)钢筋混凝土保护层厚度的测定。

(1)检测前设定钢筋探测仪量程范围,根据设计资料设定钢筋公称直径。检测时沿被测钢筋轴线选择相邻钢筋影响较小的位置,在预扫描的基础上进行扫描探测,确定钢筋的准确位置,将探头放在与钢筋轴线重合的检测面上读取保护层厚度检测值。

(2)对同一根钢筋的同一处检测 2 次,当读取的 2 个保护层厚度值相差不大于 1mm 时,取二次检测数据的平均值为保护层厚度值,精确至 1mm;当相差大于 1mm 时,该次检测数据无效,查明原因,在该处重新进行 2 次检测,仍不符合规定时,更换电磁感应法钢筋探测仪进行检测。

(3)当实际保护层厚度值小于仪器最小示值时,采用在探头下附加垫块的方法进行检测。垫块对仪器检测结果不应产生干扰,表面应光滑平整,其各方向厚度值偏差不应大于 0.1mm。垫块应与探头紧密接触,不得有间隙。所加垫块厚度在计算保护层厚度时应予扣除。

5)测量记录。

测量中随测随记,测量人员清楚口报检测数据,记录人员大声复述检测数据后记录。原始记录需以附件形式包含在实验报告中,原始记录错误时,需当场杠改签字,不得涂改及事后修改、追记。

11.1.6　实验要求

（1）严格按照钢筋扫描仪操作规程操作。

（2）实验中正确记录各要求的数据。

（3）实验后整理实验数据，并写出实验报告。

11.2 电磁感应法检测混凝土中钢筋位置实验预习报告 >>>

班级：_____ 姓名：_____ 学号：_____

评定	
教师签章	
批阅日期	

1. 查阅资料，简述电磁感应法钢筋检测仪的基本原理，必要时可画图示例。

2. 根据实验指导书，设计本实验的原始记录表格。

11.3 电磁感应法检测混凝土中钢筋位置实验报告 　>>>

班级：_____　姓名：_____　学号：_____

同组者姓名：_____

实验日期：_____

评定	
教师签章	
批阅日期	

1. 电磁感应法检测钢筋位置原始记录。

工程名称		构件名称及编号	
实验方法		实验依据	
主要仪器设备名称		实验环境条件	
实验人员		指导老师	
记录人员		实验日期	垫块厚度/mm

序号	设计配筋间距/mm	检测部位	钢筋间距检测值/mm								钢筋数量
			1	2	3	4	5	6	7	8	

序号	保护层厚度设计值/mm	检测部位	钢筋公称直径/mm	保护层厚度检测值/mm				钢筋保护层厚度平均值
				第1次	第2次	平均值	验证值	

检测部位示意：

备注：纵向受力钢筋保护层厚度允许偏差：对梁类构件为+10mm，−7mm；对板类构件为+8mm，−5mm；每根纵向受力钢筋选3个测点，每个测点测2次取平均值，再取3个测点的保护层厚度平均值作为该根钢筋的保护层厚度值。

2. 思考题。

(1)影响电磁感应法检测混凝土中钢筋位置检测精度的主要因素有哪些?

(2)为什么检测保护层厚度时需要明确钢筋公称直径?

第12章　超声波法检测混凝土裂缝深度实验

12.1　超声波法检测混凝土裂缝深度实验指导书　》》》

12.1.1　实验目的

混凝土是土木工程中使用量最大、用途最广泛的材料之一。由于使用荷载、环境的影响以及结构本身存在缺陷等,混凝土材料容易出现裂缝,裂缝的存在会不同程度地影响结构的承载力和耐久性。

裂缝的存在和发展,通常会使内部的钢筋等材料产生锈蚀,降低钢筋混凝土材料的承载能力、耐久性及抗渗能力,影响建筑物的外观、使用寿命,严重者还会威胁人们的生命和财产安全。当发现有裂缝后,要及时对裂缝进行检测,确定裂缝是否已发展成贯穿裂缝或者深层裂缝,以便及时对裂缝进行有效的处理,从而确保工程质量安全可靠,将安全隐患消除在萌芽状态。

裂缝的型态参数分为长度、宽度和深度三个维度,对于前两者,由于其显示于混凝土表面,使用尺量法和放大镜观察法可以较容易测得。而混凝土裂缝深度参数一般不容易通过直接测量获得。对混凝土有局部损伤的裂缝深度检测方法一般是对裂缝进行渗透染色、钻取芯样,然后沿裂缝劈开混凝土芯样,测量裂缝中颜料的染色深度。为了最大限度地避免破坏混凝土结构,不影响其使用功能,目前国内外对混凝土裂缝深度的检测常采用超声波法。当混凝土结构中存在裂缝或损伤时,超声脉冲通过缺陷时产生绕射,传播的声速要比相同材质无裂缝(缺陷)混凝土的传播声速要小,声时偏长。由于超声脉冲在裂缝尖端界面上产生反射,因而能量显著衰减,波幅和频率明显降低,接收信号的波形平缓甚至发生畸变。综合声速、波幅和频率等参数的相对变化,与相同条件下无裂缝(缺陷)的混凝土进行比较,判断和评定混凝土的裂缝深度。

本实验主要达到以下目的。

(1)了解混凝土超声波无损检测的基本原理。

(2)了解和掌握一般混凝土超声波检测分析仪的操作和使用。

(3)掌握用 NM-4B 型非金属超声波检测分析仪进行混凝土裂缝深度检测的方法。

12.1.2　实验内容

用超声波法对混凝土裂缝模拟试件进行裂缝深度检测。

12.1.3　实验仪器及工具

NM-4B 型非金属超声波检测分析仪、超声波探头(50 Hz)、测试电缆线、电源、钢直尺、混凝土裂缝模拟试件、凡士林或黄油耦合剂。

12.1.4　实验原理

超声波法检测混凝土缺陷主要是用低频超声仪测量超声脉冲中纵波在混凝土结构中的传播速度、首波幅度和接收信号频率等声学参数。当混凝土结构中存在缺陷或损伤时,超声脉冲通过缺陷时产生绕射,因而能量显著衰减,波幅和频率明显降低,接收信号的波形平缓甚至发生畸变。综合声速、波幅和频率等参数的相对变化,与相同条件下的无裂缝(缺陷)混凝土进行比较,判断和评定混凝土的缺陷和损伤情况。

对于混凝土结构开裂深度小于或等于500mm的裂缝,可用平测法或斜测法进行检测。当结构的裂缝部位只有一个可测表面时,可采用平测法检测,即将仪器的发射换能器(T换能器)和接收换能器(R换能器)对称布置在裂缝两侧,如图12-1所示,其距离为L,超声波传播所需时间为t_0。再将换能器以相同距离L平置在完好的混凝土表面,测得传播时间为t。裂缝的深度h_c的计算式为:

$$h_c = \frac{L}{2}\sqrt{\frac{t_0}{t} - 1} \tag{12-1}$$

式中,h_c为裂缝深度(mm);t、t_0分别为测距为L时不跨缝、跨缝平测的声时值(μs);L为平测时的超声传播距离(mm)。

实际检测时,可进行不同测距的多次测量,取h_c的平均值作为该裂缝的深度值。

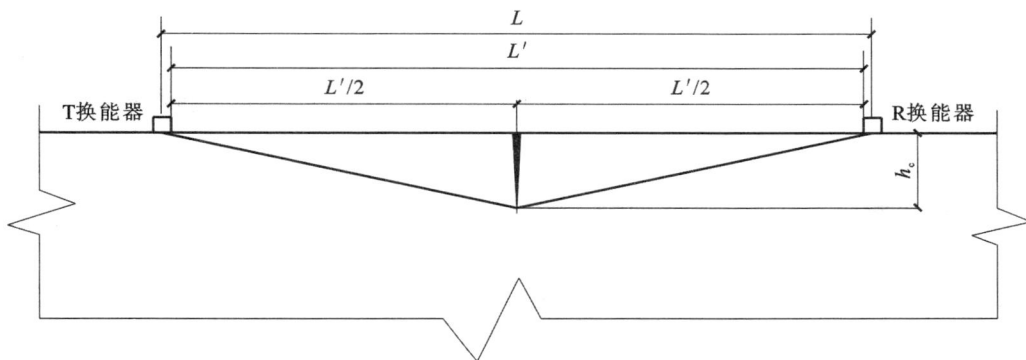

图 12-1　绕过裂缝声时示意图

12.1.5　超声波仪使用方法

1)主要功能。

超声波仪的主要功能有声参量采集、超声数据分析处理和文件管理与传输。

(1)声参量采集,用于现场声参量检测、原始数据及波形的存储。

(2)超声数据分析处理,用于对原始数据进行分析处理及保存和打印分析结果,其中包括裂缝深度数据分析、测强数据分析、测缺数据分析和测桩数据分析。

(3)文件管理与传输,用于查看、删除、调用现有的各种类型文件,同时可以传输文件、设置默认路径、新建目录、查看存储空间等。

2)操作步骤。

(1)使用前的准备工作:连接好换能器,连接交流电源,圆头插孔一端插入主机+12V电源插座。按下主机电源开关,电源指示灯显绿色,几秒钟后,屏幕显示系统主画面。

(2)声参量检测:在主界面选择"检测"按钮进入超声检测状态。

①参数设置:在超声检测界面下,按"参数"按钮弹出参数设置对话框,进行参数设置。一般在开机后、测试开始之前都要进行参数设置。每次开机后系统都会自动将这些参数设置为较常用的默认值,其中包括测距、序号、采样周期等参数。

②调零:在检测界面下,按"调零"按钮,弹出调零对话框。每次现场测试开始之前或更换测试导线及传感器后应进行调零操作。调零的作用是消除声时测试值中的仪器系统误差(零声时)。调零有手动和自动

两种方法。进行调零操作后,每次采样后的声时值都会自动减去零声时。

③采样:当换能器耦合在被测点后,按"采样"键,仪器开始发射超声波并采样。仪器自动调整(或人工调整)好波形后,再次按该键,仪器就会停止发射和采样,并显示采集到的波形和数据。如遇到波形质量不好,仪器无法进行正确的自动判读,可以进行人工判读。

④数据存盘:对每个数据文件,测试完第一个测点后按"确认"键可自动存盘。当波形窗口内有游标时,则存储游标数据,否则存储自动判读数据。

⑤打印:在检测界面下,按"打印"按钮,进行数据文件中的数据或屏幕波形的打印操作。按下"打印"按钮后,弹出选择窗口,按"1"键打印数据,按"2"键打印波形。

(3)裂缝分析:在超声系统主界面下,按"裂缝"按钮,弹出对话框,按要求输入超声数据测试文件名及测点间距。输入上述参数后,按"确认"键进行裂缝深度计算,并自动显示裂缝深度计算表。计算结束后可以进行分析结果的存盘和打印。按"打印"按钮,打印报告文件,系统提供 5 个打印选项。

(4)文件管理:在超声系统主界面选择"文件"按钮进入文件管理状态。文件管理模块主要功能有:

①对各类文件进行查看、读入、删除等操作;

②设置默认的用户操作目录;

③新建或删除用户目录;

④文件传输;

⑤查看存储空间。

NM-4B 型超声波检测分析仪的其他功能和使用说明请参阅《NM-4B 非金属超声波检测分析仪用户手册》。

12.1.6 实验步骤

1)实验准备。

在被测试件上分别画出不跨缝和跨缝的两组间距为 100mm、150mm、200mm 的测距,如图 12-2 所示。并对测位表面进行平整、清洁处理。按前文介绍的仪器操作方法连接好仪器。

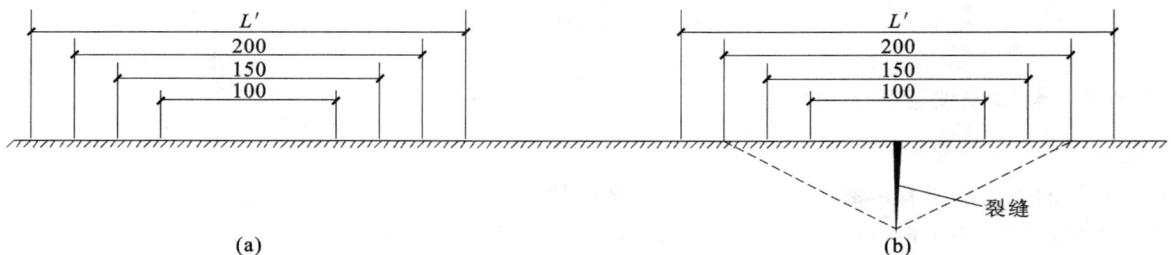

图 12-2 测缝试件测点布置(单位:mm)
(a)不跨缝;(b)跨缝

2)声参量检测。

(1)不跨缝的声时测量:将 T、R 换能器置于不跨缝的两换能器内边缘间距(L')为 100mm、150mm、200mm 的位置上,分别读取声时值(t_i),绘制"时-距"坐标图(图 12-3)或用回归分析方法求出声时与测距之间的回归直线方程:$l_i = a + bt_i$,每测点超声波实际传播距离 l_i 为:

$$l_i = l' + |a| \tag{12-2}$$

式中,l_i 为第 i 点的超声波实际传播距离(mm);l' 为第 i 点的 R、T 换能器内边缘间距(mm);a 为"时-距"图中 L' 轴的截距或回归直线方程的常数项(mm)。

不跨缝平测的混凝土声速值为:

$$v = (l'_n - l'_1)/(t_n - t_1) \tag{12-3}$$

或

$$v = b \tag{12-4}$$

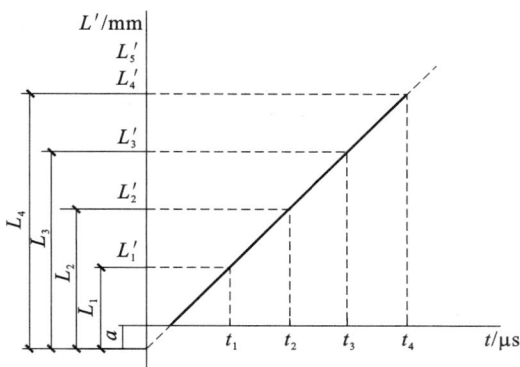

图 12-3　平测"时-距"图

式中，l'_n、l'_1 分别为第 n 点和第 1 点的测距(mm)；t_n、t_1 分别为第 n 点和第 1 点读取的声时值(μs)；b 为回归系数。

(2)跨缝的声时值测量：如图 12-2 所示，将换能器分别置于以裂缝为中心的对称的两侧事先画好的测点上，L' 取 100mm、150mm、200mm。分别读取声时值 t^0_i，同时观察首波相位的变化。

声参量的仪器操作按前述声参量检测的使用操作进行。声参量采样时必须先测不跨缝声时，再测跨缝声时，并存于同一文件名下。且不跨缝测试点数与跨缝测试点数必须相等，相对测点的测距必须相等。

3)裂缝深度计算

(1)按前述介绍的方法，仪器自动进行数据处理，并计算出裂缝深度。

(2)按《超声法检测混凝土缺陷技术规程》(CECS 21—2000)中裂缝深度检测的计算方法进行计算。裂缝深度按下式计算：

$$h_{ci} = \frac{l_i}{2} \sqrt{\left(\frac{t^0_i v}{l_i}\right)^2 - 1} \tag{12-5}$$

$$m_{hc} = \frac{1}{n} \sum_{i=1}^{n} h_{ci} \tag{12-6}$$

式中，l_i 为不跨缝平测时第 i 点的超声波实际传播距离(mm)；h_{ci} 为第 i 点计算的裂缝深度值(mm)；t^0_i 为第 i 点跨缝平测的声时值(μs)；m_{hc} 为各测点计算裂缝深度的平均值(mm)；n 为测点数。

裂缝深度的确定方法如下。

①跨缝测量中，当在某测距发现首波反相时，可用该测距及两个相邻测距的测量值按式(12-5)计算 h_{ci} 值，取此三点 h_{ci} 的平均值作为该裂缝的深度值 h_c。

②跨缝测量中如难以发现首波反相，则以不同测距按式(12-5)、式(12-6)计算 h_{ci} 及其平均值 m_{hc}。比较各测距 l'_i 与 m_{hc}，凡测距 l_i 小于 m_{hc} 和大于 $3m_{hc}$ 的，应剔除该组数据，然后取余下 h_{ci} 的平均值作为该裂缝的深度值 h_c。

12.1.7　实验要求

(1)严格按照混凝土超声波检测规程操作。

(2)实验中正确记录各要求的数据。

(3)实验后整理实验数据，并写出实验报告。

12.2　超声波法检测混凝土裂缝深度实验预习报告　>>>

班级：_____　姓名：_____　学号：_____

评定	
教师签章	
批阅日期	

1. 根据实验指导书，简述本实验主要测量哪些物理量及对应的测量仪器、方法。

2. 查阅相关资料，画出超声波法检测混凝土裂缝深度示意图。

12.3　超声波法检测混凝土裂缝深度实验报告　　>>>

班级：_____　姓名：_____　学号：_____

同组者姓名：_____

实验日期：_____

评定	
教师签章	
批阅日期	

1. 超声波法检测混凝土裂缝深度原始记录。

构件名称			裂缝名称		
系数 a		系数 b		推定缝深/mm	
设计强度		浇筑日期		测试日期	
仪器型号		仪器编号		检定证号	
测试人员					

测点序号	不跨缝声时/μs	不跨缝测距/mm	跨缝声时/μs	跨缝测距/mm	剔除标志	计算缝深/mm

作图法确定裂缝深度：

2. 思考题。

(1)为什么要测定不跨缝声速?

(2)影响超声波法检测混凝土裂缝深度测量精度的主要因素有哪些?

第 13 章　混凝土梁受弯承载能力实验

13.1　混凝土梁受弯承载能力实验指导书　>>>

13.1.1　实验目的

承载能力实验是结构试验中常见的基本实验,大部分建筑结构或构件在工作时承受的荷载都是静力荷载。如果试验的加载过程是从零逐步递增至结构或构件破坏,也就是在一个不长的时间内完成试验加载的全过程,则称其为结构单调加载静力试验,简称静力试验,也称静载承载能力实验。单调加载静力试验主要用于模拟结构静力荷载作用下的反应,观测和研究结构构件的强度、刚度、抗裂性等基本性能和破坏机理。建筑结构中大量的基本构件试验主要是针对承受拉、压、弯、剪等基本作用力的梁、板、柱、砌体等一系列构件,通过单调加载静力试验研究各种作用力单独作用和组合作用下构件的荷载和变形的关系。

钢筋混凝土受弯构件是土木工程结构中最普遍的一种构件,广泛应用于各种建筑结构和桥梁结构。掌握钢筋混凝土受弯构件的工作性能,了解其强度、刚度、抗裂性以及各级荷载下的变形和裂缝开展情况,对掌握钢筋混凝土梁构件或结构设计有着重要的现实意义。

本实验主要达到以下目的。

(1)掌握制定结构试验方案的原则,设计简支梁的加载方案和观测方案,根据试验的目的和要求确定量测项目,选择试验设备和测量仪表。

(2)观察钢筋混凝土简支梁开裂、受拉钢筋屈服、受压区混凝土被压碎的受力破坏全过程,掌握适筋梁受弯破坏各临界状态截面的应力-应变曲线的特点,验证截面强度计算公式。

(3)掌握进行结构(构件)静力加载实验的基本技能。

13.1.2　实验仪器及工具

YJ-ⅡD 型结构力学组合实验装置(由加载装置、传感器、数据采集分析部分组成)、钢直尺、卷尺、裂缝观察镜和裂缝观测仪等。

13.1.3　实验原理

钢筋混凝土构件的破坏形式是多种多样的,正截面抗弯承载力不足、斜截面抗剪承载力不足、抗压承载力不足等因素均能导致破坏。就混凝土梁而言,往往因为抗弯承载力不足致使其发生破坏。在受弯破坏时,破坏特征取决于配筋率、混凝土的强度等级以及截面形式等因素,其中配筋率影响最为显著。实验研究表明,随着配筋率的改变,构件的破坏特征将发生本质的变化。当混凝土梁配筋率太小时,承载力很低,且只要混凝土一开裂,钢筋便会受拉屈服,构件立即发生破坏,其承载力取决于混凝土的抗拉强度,这种破坏形式称为少筋破坏,相应的钢筋混凝土梁称为少筋梁。而当构件的配筋率太大时,由于受拉区钢筋太多,导致受拉区钢筋最终并不屈服,受压区混凝土直接被压碎而破坏,这种破坏形式称为超筋破坏,相应的钢筋混凝土梁称为超筋梁。显然这种配筋方式是很不经济的。当混凝土梁的配筋率适量时,构件的破坏始于受拉钢筋屈服,终于受压区混凝土被压碎,钢筋和混凝土的强度均能得到充分利用,这种破坏形式称为适筋破坏,相应的钢筋混凝土梁称为适筋梁,这种形式的梁才是相对经济且安全的,也是在实际工程中广泛应用的。

在研究钢筋混凝土梁正截面受弯承载力时,采用图 13-1 所示的加载方式,即为了消除剪力对正截面受弯的影响,采用两点对称加载,使两个对称集中力之间的部分在忽略自重的情况下为只受弯矩而无剪力的纯弯段。下面以纯弯段内只配置纵向受拉钢筋的实验梁为例,说明适筋破坏模式。由于适筋梁的破坏形式最为典型,在工程中应用最为广泛,首先以适筋梁为例来说明其在四点弯曲的情况下的破坏过程。

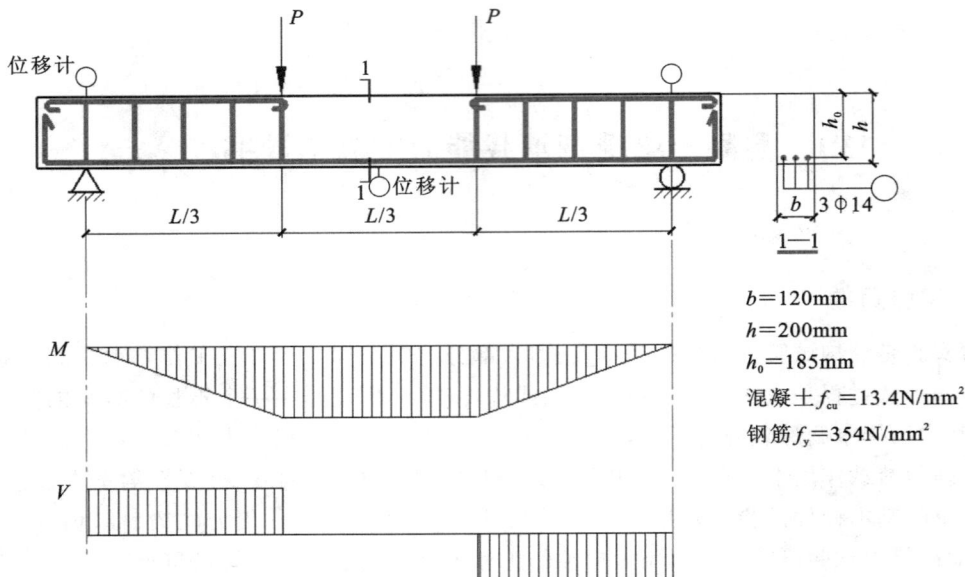

图 13-1 混凝土实验梁加载方式及内力图

在纯弯段内,弯矩将使正截面转动。在梁的单位长度上,正截面的转角称为截面曲率,用 φ 表示,它是度量正截面弯曲变形的标志。图 13-2 为钢筋混凝土实验梁的弯矩与截面曲率的关系曲线。图 13-2 中纵坐标为梁跨中截面的弯矩实验值,横坐标为梁跨中截面曲率实验值 φ^0。

观察适筋梁 M^0-φ^0 的曲线,可见 M^0-φ^0 曲线上有两个明显的转折点 C 和 y,故适筋梁正截面受弯的全过程可划分为未裂阶段、裂缝阶段和破坏阶段三个阶段。

(1)第 I 阶段:未裂阶段。

刚开始加载时,由于弯矩 M 很小,沿梁高测量到的各个纤维应变也很小,且沿梁的截面高度为线性变化,梁的工作情况与匀质弹性体相似,应力与应变成正比,受压区与受拉区混凝土应力分布图形为三角形,见图 13-3(a)。

由于混凝土的抗拉能力弱,随着弯矩 M 的增大,在受拉区边缘的混凝土首先表现出应变较应力增长速度快的塑性特征,受拉区应力图形开始偏离直线而逐步变弯。弯矩继续增大,受拉区应力图形中曲线部分的范围不断向中和轴发展、扩大。

当弯矩增加到 M_{cr} 时,受拉区边缘纤维的应变值即将到达混凝土受弯时的极限拉应变 ε_{cu}^0,截面逐步处于即将开裂的状态,称为第 I 阶段末,用 I$_a$ 表示,见图 13-3(b)。这时受压区边缘纤维应变量还很小,受压区混凝土基本上还处于弹性阶段,受压区应力接近三角形,而受拉区应力图形则呈曲线分布。

在 I$_a$ 阶段时,由于存在黏结力,受拉钢筋的应变与周围同一水平混凝土的拉应变基本相等,故这时钢筋应变接近 ε_{cu}^0 值,钢筋应力较低,约为 $20\sim30$MPa。

第 I 阶段是受弯构件抗裂验算的计算依据。

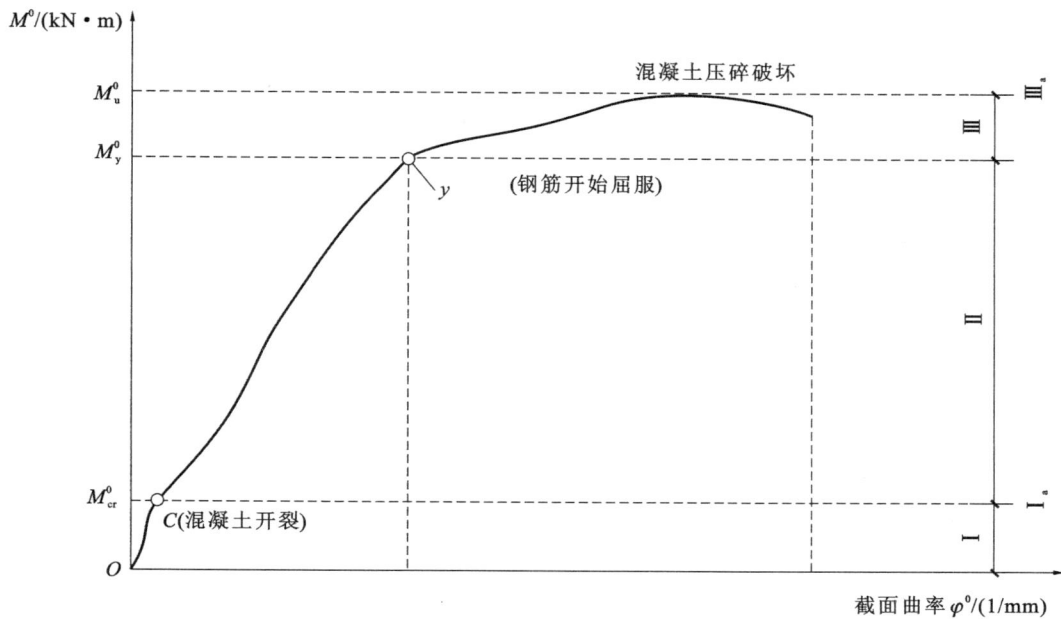

图 13-2 适筋梁弯矩-截面曲率关系曲线

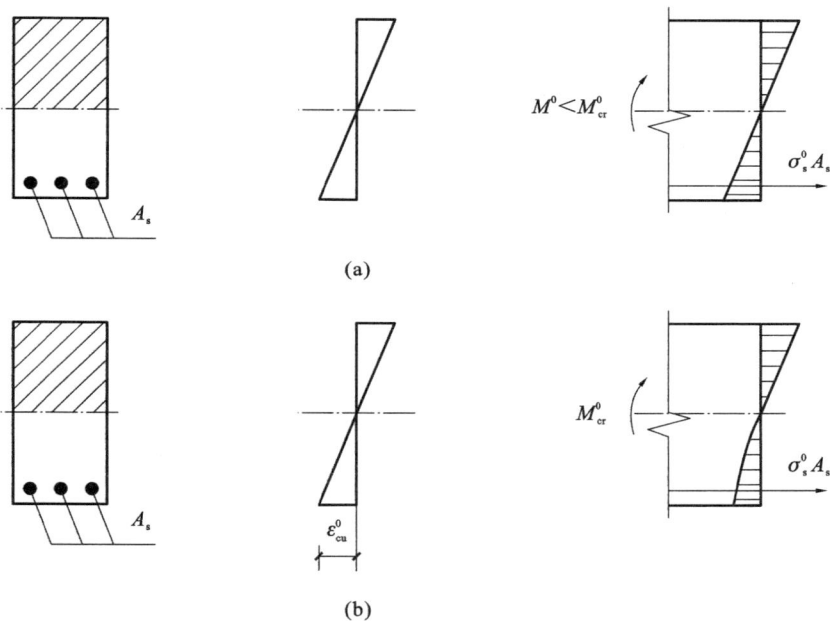

(a)

(b)

图 13-3 钢筋混凝土梁工作的第 Ⅰ 阶段

(a)阶段Ⅰ;(b)阶段Ⅰ$_a$

(2)第Ⅱ阶段:混凝土开裂后至钢筋屈服前的裂缝阶段。

当 $M^0 = M_{cr}^0$ 时,在纯弯段抗拉能力最薄弱的某一截面处,受拉边缘纤维的拉应变值到达混凝土极限拉应变值 ε_{cu}^0 时,将首先出现第一道裂缝,一旦开裂,梁即由第Ⅰ阶段转为第Ⅱ阶段工作。

在裂缝截面处,混凝土一开裂就把原来由它承担的那一部分拉力分担给钢筋,使钢筋应力突然增加很多,故裂缝出现时梁的挠度和截面曲率都突然增大。同时,裂缝具有一定的宽度,并沿梁高延伸到一定的高度。裂缝截面处的中和轴位置也将随之上移,在中和轴以下裂缝尚未延伸到的部位,混凝土虽然仍可以承受一部分拉力,但受拉区的拉力主要由钢筋承担。

随着弯矩 M 的继续增大,受压区混凝土压应变与受拉钢筋的拉应变的实测值都不断增长。当应变的量测标距较大,跨越几条裂缝时,测得的应变沿截面高度的变化规律仍能符合平截面假定。随着弯矩的再增大,梁的截面曲率加大,同时裂缝开展得越来越宽。由于受压区混凝土压应变不断增大,受压区混凝土出现塑性变形,受压区应力图形呈曲线变化。当弯矩继续增加到受拉钢筋应力即将到达屈服强度 f_y^0 时,称为第Ⅱ阶段末,用Ⅱ$_a$表示,截面相应变化过程见图13-4。

第Ⅱ阶段为带裂缝工作阶段,一般钢筋混凝土梁在使用状态下就处于这个阶段,它是计算正常使用极限状态变形和裂缝宽度的依据。

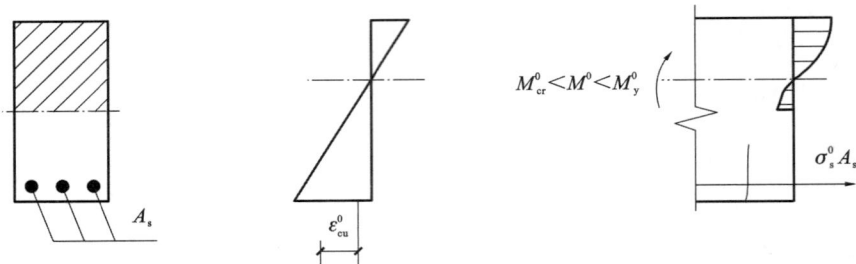

图 13-4　钢筋混凝土梁工作的第Ⅱ阶段

(3)第Ⅲ阶段:钢筋开始屈服至截面破坏的破坏阶段。

纵向受拉钢筋屈服后,正截面就进入第Ⅲ阶段工作。钢筋屈服,截面曲率和梁的挠度也突然增大,裂缝宽度也随之扩展,并沿梁高向上延伸,中和轴继续上移,受压区高度进一步减小。其截面应力变化如图13-5所示,这时受压区混凝土的塑性特征更为明显。当达到混凝土的极限压应变时,受压区出现纵向水平裂缝,随即混凝土被压碎而使梁破坏,梁达到极限弯矩 M_u,称为第Ⅲ阶段末,用Ⅲ$_a$表示。在实验室条件下的一般实验梁虽仍可以继续变形,但所承受的弯矩将有所降低,最后在破坏段上的受压区混凝土被压碎甚至剥落,裂缝宽度已经很大而完全破坏。

第Ⅲ阶段是承载力极限状态计算的依据。

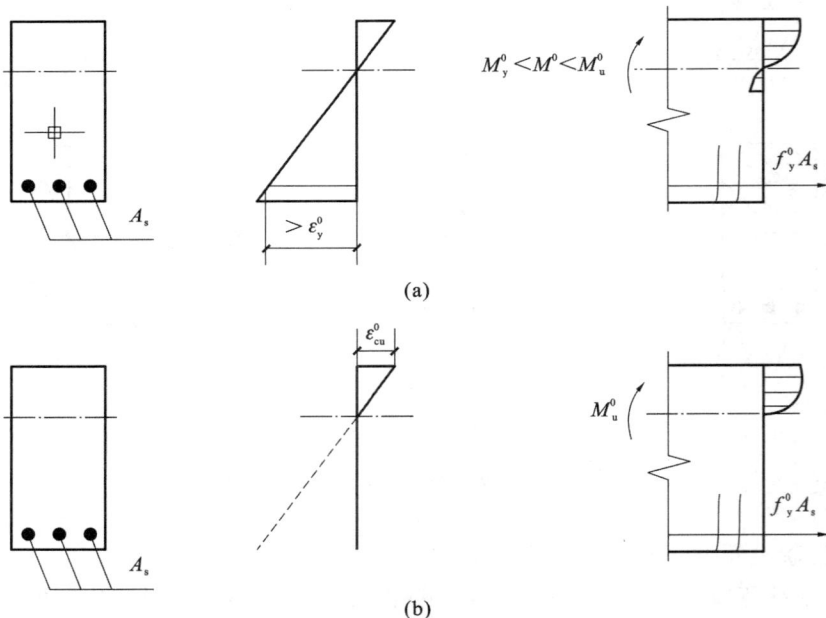

(a)

(b)

图 13-5　钢筋混凝土梁工作的第Ⅲ阶段

(a)阶段Ⅲ;(b)阶段Ⅲ$_a$

由上述分析可以看出,钢筋混凝土梁与匀质弹性材料梁不同,其截面应力状态随荷载的增大不仅有数量上的变化,而且有性质上的改变。在不同的工作阶段,其应力分布图形和中和轴的位置都是不同的,钢筋和混凝土的应力以及梁的挠度与梁的弯矩均不成正比,而且大部分工作阶段,构件都是带裂缝工作的。这些都是混凝土的弹塑性性质和抗拉能力远小于抗压能力这两个基本特征的反映。

适筋梁是由于受拉钢筋首先达到屈服,然后混凝土被压碎而破坏的。在破坏前,钢筋要经历较大的塑性伸长,裂缝发展充分,挠度急剧增加,具有明显的破坏征兆,即明显的塑性破坏特征。适筋梁的破坏形态如图 13-6 所示,其特点是纵向受拉钢筋先屈服,受压区边缘混凝土随后被压碎。

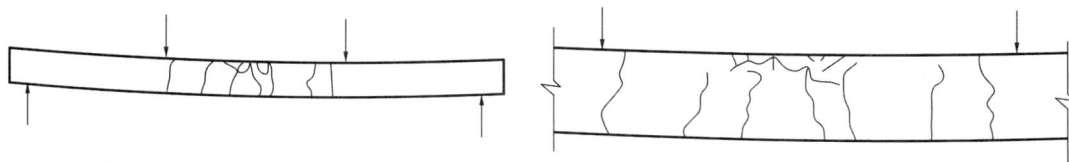

图 13-6　适筋梁的破坏形态

13.1.4　实验方案

1)实验设备、测量工具及试件。

实验设备有 YJ-ⅡD 型结构力学组合实验装置、混凝土适筋梁、位移计、钢直尺、卷尺、裂缝观察镜和裂缝观测仪。

YJ-ⅡD 型结构力学组合实验装置由主机和数据采集分析部分组成,主机部分由加载装置及相应的传感器组成,数据采集分析部分完成数据的采集、分析等。

钢筋混凝土适筋梁试件尺寸(矩形截面):$b \times h \times l = 120mm \times 200mm \times 2000mm$,混凝土强度等级为 C20,纵向受拉钢筋采用 HRB335,箍筋采用 HPB235,其中纯弯段内无箍筋。纵向钢筋混凝土保护层厚度 15mm。具体参数见表 13-1,配筋如图 13-7 所示。

表 13-1　　　　　　　　　　　　　　　　混凝土试验梁参数

试件编号	试件特征	分配梁跨度 a/mm	配筋情况(纯弯段无上部钢筋)			预估荷载 P/kN		
			下部钢筋①	上部钢筋②	箍筋③	P_{cr}	P_y	P_u
MLA	适筋梁	600	2Φ14	2Φ6	Φ8@50(2)	10.5	41.4	46.0
MLB	超筋梁	600	2Φ22	2Φ6	Φ8@50(2)	15.3	—	71.9
MLC	少筋梁	600	2Φ6	2Φ6	Φ6@100(2)	7.5	—	7.5

注:预估荷载按照《混凝土结构设计规范》(GB 50010—2010)给定的材料强度标准值计算,未计入试件梁和分配梁的自重。

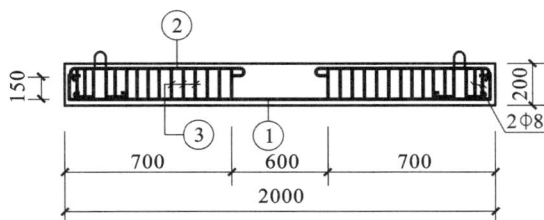

图 13-7　梁受弯实验试件配筋(单位:mm)

2)安装、加载方案。

安装好的混凝土实验梁如图 13-8 所示。混凝土实验梁放置在铰支座上,铰支座固定在支墩上,可调支墩根据实验梁长度的要求通过锁紧装置固定在下横梁导轨的合适位置。两个铰支座中,一个为轴承式的滑动铰支座,另一个是具有自动找平功能的双向铰支座。当利用手动泵使油缸向下运行并使分配梁支座与实验梁相接触时,便可以对实验梁施加向下的荷载,荷载通过分配梁等量地分配到实验梁的两个加载点上,分配梁的两个加载支座,一个为具有自动找平功能的滚动铰支座,另一个为具有自动找平功能的滑动铰支座,这样就可保证梁在弯曲加载时不产生其他附加内力。

梁受弯试验采用单调分级加载,每次加载时间间隔 2~3min。在正式加载前,为检查仪器仪表读数是否正常,需要预加载,预加载所用的荷载是分级荷载的前 2 级。

图 13-8 安装好的混凝土实验梁

1—混凝土实验梁；2—实验梁滑动铰支座；3—实验梁固定铰支座；4—支墩；

5—分配梁铰支座；6—分配梁；7—拉压力传感器；8—液压缸；9—反力主框架；10—测量表架

对于适筋梁有以下要求：

①在加载到开裂试验荷载计算值的 90% 以前，每级荷载不宜大于开裂荷载计算值的 20%；

②在达到开裂试验荷载计算值的 90% 以后，每级荷载值不宜大于其荷载值的 5%；

③当试件开裂后，每级荷载值取承载力试验荷载计算值的 10%；

④当加载达到纵向受拉钢筋屈服后，按跨中位移控制加载，加载的级距为钢筋屈服工况对应的跨中位移 Δ_y；

⑤加载到临近破坏前，拆除所有仪表，然后加载至破坏。

3）测量内容及测试方案。

（1）测量内容。

①各级荷载下支座沉陷与跨中的位移。

通过位移传感器测量实验梁的变形，对受弯构件的挠度测点应布置在构件跨中或挠度最大的部位截面的中轴线上。为了求得梁的真正挠度，必须注意支座沉降的影响。因此，至少要在 3 个测点布设位移计，如图 13-9 所示。

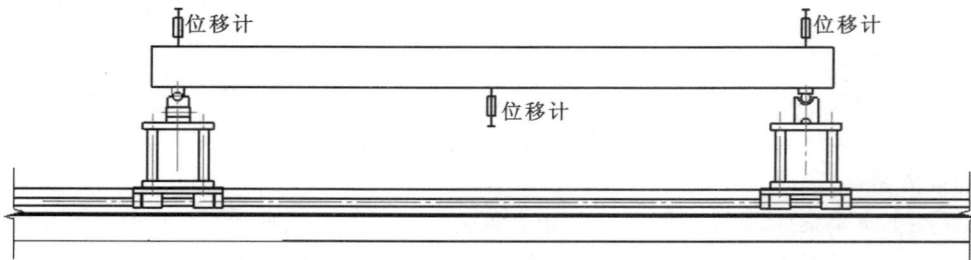

图 13-9 梁受弯实验挠度测点布置

②各级荷载下主筋跨中的拉应变及混凝土受压边缘的压应变。

在试件纵向受拉钢筋中部粘贴电阻应变片，以量测加载过程中钢筋的应力变化；在跨中受压区混凝土边缘粘贴电阻应变片，用于观测实验过程中受压区边缘混凝土的应变。测点布置见图 13-10。

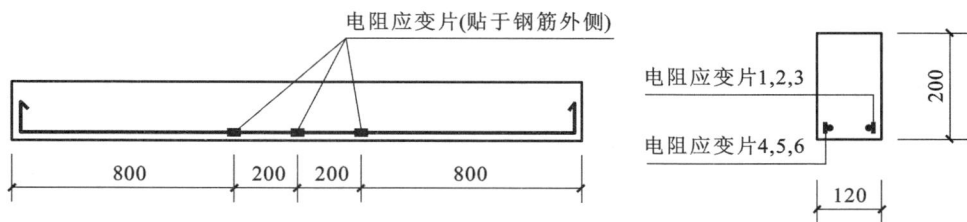

图 13-10 电阻应变片布置示意图(单位:mm)

③混凝土平均应变。

在梁跨中一侧面布置 4 个位移计,标距为 150mm,以量测梁侧表面混凝土沿截面高度的平均应变分布规律。测点布置见图 13-11。

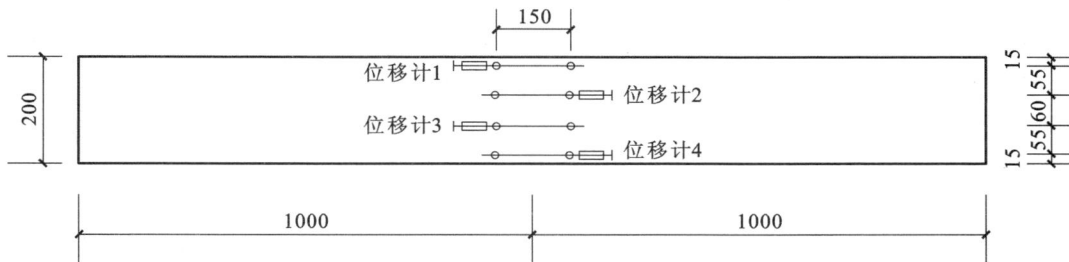

图 13-11 梁受弯试验混凝土平均应变测点布置(单位:mm)

④裂缝。

实验前将梁两侧面用石灰浆刷白,并绘制 50mm×50mm 的网格。实验时借助放大镜用肉眼查找裂缝。构件开裂后立即对裂缝的发生发展情况进行详细观测,用读数放大镜及钢直尺等工具测量各级荷载作用下的裂缝宽度、长度及裂缝间距,并使用数码相机拍摄后,手工绘制裂缝展开图,裂缝宽度的测量位置为构件的侧面相应于受拉主筋高度处。最大裂缝宽度应在使用状态短期实验荷载值持续2~3min 结束时进行测量。

(2)测试方案。

安装在油缸活塞杆端部的拉、压力传感器可以直接测量试件所受到的荷载,通过计算可以得到梁各部分的内力,安装在实验梁相应部位的位移传感器可以测量变形,粘贴在钢筋侧面的电阻应变片可以测量钢筋的应力。为便于不同位置处钢筋应变的比较,采用共用补偿片的测量方式。

4)数据的分析处理。

数据采集分析系统实时记录试件所受的力、各个位置的挠度、混凝土不同位置的平均应变及钢筋的应变,并生成力、挠度、应变实时曲线及力与挠度的 X-Y 曲线、力与应变的 X-Y 曲线。

得到相关数据后,依据实验原理,就可以得到所需的实验结论。

13.1.5 实验步骤

1)试件的检查。

实验前将试件表面刷白,并分格画线,分格大小为 50mm×50mm。在刷白前,对试件进行以下内容的检查。

(1)收集试件的原始设计资料、设计图纸和计算书,施工和制作记录,原材料的物理力学性能试验报告等文件资料。

(2)对结构构件的跨度、截面、钢筋位置、保护层厚度等实际尺寸及初始挠曲、变形、原始裂缝等作书面记录,绘制详图。

2)试件安装。

在各项准备工作就绪后即可将试件安装就位。保证试件在实验安装全过程都能按计划模拟条件工作,避免因安装错误而产生附加应力或出现安全事故。安装步骤如下。

①将两个支墩通过转接板安装到下横梁的导轨上,并将两个铰支座固定到支墩上。

②将两个支墩中心间距调整为 1800mm,且在加载主框架内对称分布,并通过锁紧装置将两个支墩固定在下横梁导轨的相应位置。

③将混凝土梁从养护地点用叉车或吊车搬运至加载装置前面,用叉车将梁升起,距地面高约 1m,调整叉车使实验梁位于支座上方,轻轻打开叉车泄压阀门,待梁底面距离支座 5cm 左右时,关闭泄压阀门,微调叉车位置,使实验梁的两个支座基本关于梁中间对称。将实验梁放到支座上以后,再根据实际安装情况微调,使混凝土梁伸出支座的距离相同。

④通过转接板将油缸安装到上横梁的导轨上,调整位置,使其基本位于上横梁中间。然后将测力传感器通过螺杆安装到油缸活塞杆上,拧紧测力传感器端部的背紧螺栓,拧松油缸活塞杆端部的背紧螺栓。

⑤将分配梁抬至混凝土梁上方,分配梁的中部落在测力传感器的下方。

⑥通过手动泵调整油缸,使其大体位于行程的中间位置,再调整油缸活塞杆上螺纹杆的伸出长度,使拉压力传感器距离分配梁顶面 1cm 左右,微调油缸左右位置,使拉压力传感器上的螺栓孔与分配梁上的通孔对齐,轻轻将螺栓拧上,同时拧紧油缸活塞杆端部的背紧螺母。通过手动泵调整传感器上下位置,使其下底面基本与分配梁上顶面接触,用内六角扳手拧紧传感器与分配梁之间的连接螺栓。

⑦手动泵换向,将分配梁吊起约 5cm,通过调整油缸在上横梁的位置,调整分配梁至设计加载点位置。再通过手动泵换向,将分配梁加载支座调整至距实验梁上的加载垫块 2~3mm 处,此时试件处于非受力状态。

3)布设仪表、连接测试线路。

将位移计按照实验方案的设计要求布设到相应位置,然后按要求连接测试线路。一般第一通道选择测力;第二至八通道选择测钢筋应变,采用共用补偿片的 1/4 桥方式;第九至十六通道选择测量各个位置的变形,采用半桥的接线方式。连线时应注意不同类型传感器的测量方式及接线方式,连线方式应与传感器的工作方式对应。

4)设置测试参数及测试窗口。

(1)进入测试环境。

按要求连接测试线路,确认无误后,打开仪器电源及计算机,双击桌面上的快捷图标,提示检测到采集设备。检测到仪器后,系统将自动给出上一次实验的测试参数及图 13-12 所示数据采集分析环境。根据需要,直接套用测试环境或设置新的测试参数。

(2)调用测试参数。

对于相同实验的多次测试,或对于类似实验的测试,可通过直接引入测试文件的方式引入以前的测试参数。具体操作为:打开"文件",选择"打开项目",选择合适的项目文件并打开,即调入该数据文件,此时可对该数据文件进行分析,但不能直接进行测试,应继续打开"文件",选择"继续测试",找到相应的测试系统,即可进行参数设置或直接进行测试。

(3)设置测试参数。

测试参数是联系被测物理量与实测电信号的纽带,设置正确合理的测试参数是得到正确数据的前提。测试参数由通道参数、采样参数及窗口参数三部分组成。通道参数反映被测工程量与实测电信号之间的转换关系,由测量内容、转换因子及满度值等组成;采样参数包括测试方式、采样频率及采样状态等;窗口是为了在实验中显示及实验完成后分析数据而设置的各种窗口,有实时曲线窗口、X-Y 函数曲线窗口、历史曲线窗口及表格历史数据窗口等。窗口参数确定不同的窗口类型,根据不同实验目的设置。

①通道参数。

通道参数位于采集环境的底部,反映被测工程量与实测电信号之间的转换关系,核心部分由通道号、测量内容、工程单位、桥式传感器灵敏度、量程范围、应力应变等组成。具体设置时通过"测点参数""应变应力""桥式传感器""热电偶测温""警戒参数"设置页面完成。

a.通道号:每一个测试通道由系统号、模块号、通道号三级编码组成,当连接完成后,根据设置,每个通道的通道号唯一确定。

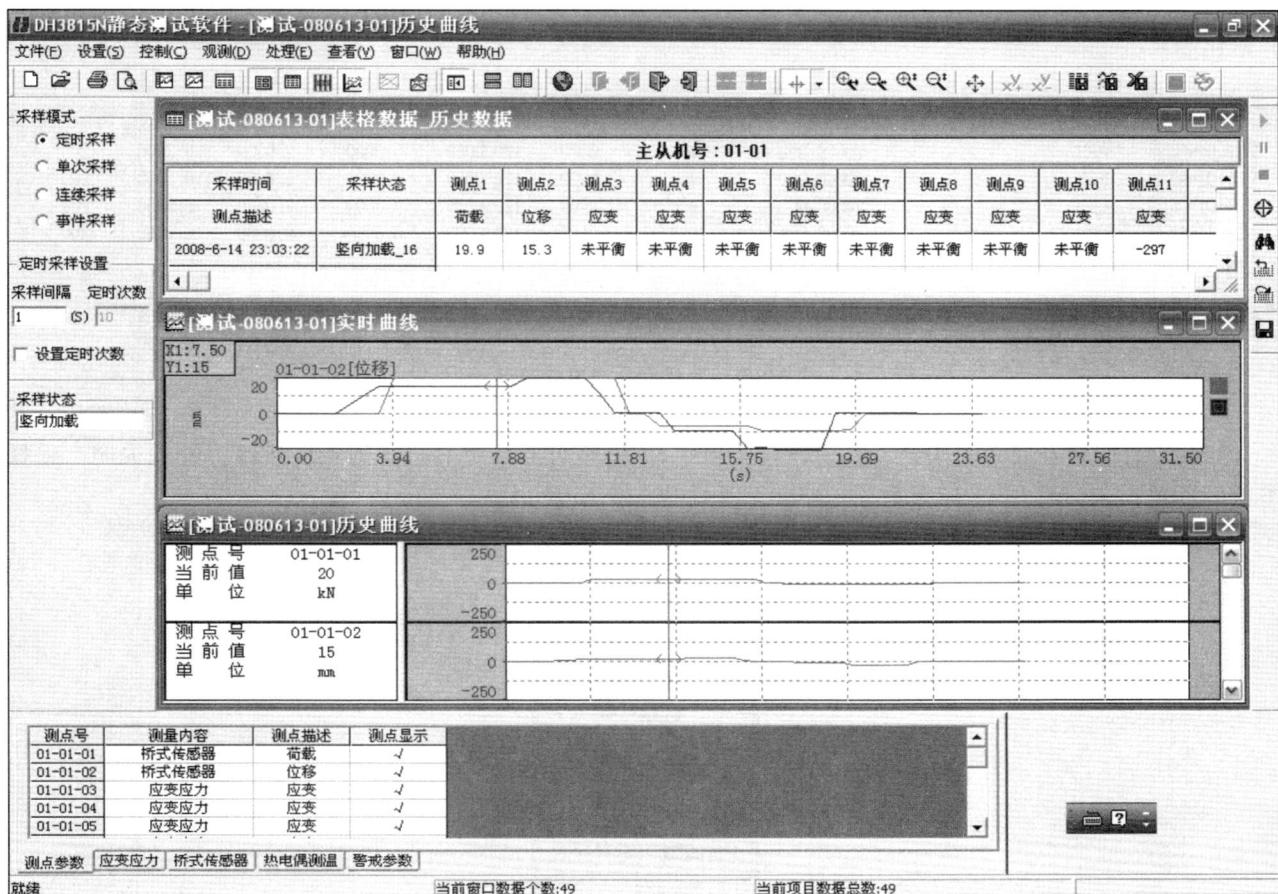

图 13-12 数据采集分析环境

b. 测量内容：由被测电信号的类型决定，有"桥式传感器""应变应力"等。荷载及位移的测量选用"桥式传感器"，应变的测量选用"应变应力"。并与测试分析系统的通道一一对应。为方便标记，可对测试内容作简单描述，可根据测试情况关闭不需要的测试通道。

c. 工程单位：被测物理量的工程单位。荷载为 kN，变形为 mm，应变为 $\mu\varepsilon$。

d. 桥式传感器灵敏度：桥式传感器灵敏度是桥式传感器最重要的技术指标，又称转换因子，用 mV/EU 表示，EU 为工程单位。如一额定荷载（称为量程 EU）为 5kN 的应变式测力传感器，传感器上灵敏度（称为 $k_{传}$）的标示为 2.000mV/V，其表示当该传感上作用 5kN 荷载、电桥供电桥压（E）为 1V 时，其输出的电压绝对值为 2.000mV，对拉压力传感器而言，正常情况下拉伸为正，压缩为负。由于所选用的测试仪器供电桥压为 2V，则需输入的仪器灵敏度系数 $k_{仪}$ 按 $k_{仪}=k_{传}\cdot E/EU$ 计算，因此有 $k_{仪}=2\times2\div5=0.8$。在输入灵敏度系数的同时，需输入供电桥压，同样的计算方式应用于应变式位移传感器。桥式传感器通道参数设置如图 13-13 所示。

测点号	传感器灵敏度 (mV/EU)	桥压 (V)	量程范围 (EU)	工程单位 (EU)
01-01-01	0.8000	2	25.000	kN
01-01-02	0.2000	2	100.000	mm

图 13-13 桥式传感器通道参数设置

e. 量程范围：所选用仪器的电压量程为 20 mV，具体到不同的测试内容，仪器自动生成相应的工程量程，具体的数值由传感器灵敏度系数确定。

f. 应变应力：在应变应力一栏中，可以根据实验需要，选择不同的桥路测量方式。在本次实验中需同时测量多点的应变，因此采用公用补偿片的 1/4 桥的测量方式，其需输入的参数如图 13-14 所示。

在应变应力通道参数中，有些选项为系统提供默认项，如桥压、量程等，所有通道均相同，有些则需要与测试对象严格一致,如导线电阻、灵敏度系数,各通道并不一定相同。另外,不同桥路类型的测试接线方式并不相同。

测点号	桥路类型	桥压(V)	量程范围(μEU)	工程单位	修正系数	应变计电阻	导线电阻	灵敏度系数	泊松比	弹性模
01-01-04	方式1	2	20000.000	μ ε	1.0000	120.0000	0.0000	2.0000	0.2800	200
01-01-05	方式1	2	20000.000	μ ε	1.0000	120.0000	0.0000	2.0000	0.2800	200
01-01-06	方式1	2	20000.000	μ ε	1.0000	120.0000	0.0000	2.0000	0.2800	200
01-01-07	方式1	2	20000.000	μ ε	1.0000	120.0000	0.0000	2.0000	0.2800	200

测点参数　应变应力　桥式传感器　热电偶测温　警戒参数

图 13-14　应变应力通道参数设置

②采样参数。

"采样参数"可在菜单栏中的"查看"下拉菜单中打开,也可通过工具栏中的相应按钮打开或关闭。采样参数设置包括采样模式、采样频率及采样状态等,如图 13-15 所示。

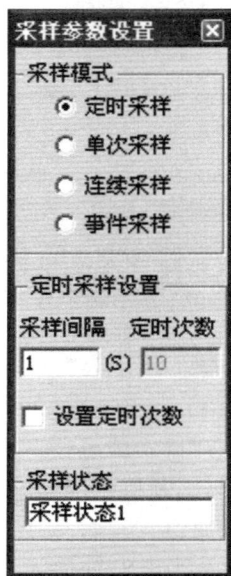

采样参数设置

采样模式
　● 定时采样
　○ 单次采样
　○ 连续采样
　○ 事件采样

定时采样设置
采样间隔　定时次数
1　(S)　10

□ 设置定时次数

采样状态
采样状态1

图 13-15　采样参数设置

实际测试过程中一般采用定时采样的方式,定时间隔确定采样的快慢;单次采样为采集一定时长的数据样本;连续采样为以最快采样频率(2Hz)采样测试;事件采样是到达指定时间时启动采样,选择事件采样的同时,需选择定时采样次数,即采集数据的个数。

③窗口参数。

"窗口参数"位于整个数据采集分析环境的中部,每个实时曲线窗口可显示四条实时曲线,每个 X-Y 函数曲线窗口可显示两条 X-Y 函数曲线。历史曲线包括所有被测通道,每通道单独显示,当前窗口通道数量可选,最多显示 8 通道,通过滚动条显示不同的通道。实时曲线横坐标为相对时间,历史曲线及历史数据表格时间为绝对时间。通常,重要的数据通道在实时曲线窗口中显示,如荷载、位移、最大应变等。在钢筋混凝土梁受弯实验中可以开设 1 个实时曲线窗口、2 个历史曲线窗口、1 个数据表格窗口,如图 13-12 所示。在其中一个实时曲线窗口内设置荷载-跨中挠度的 X-Y 曲线,以观测实验梁所处的工作阶段。在实验过程中,也可以在菜单栏中的"查看"下拉菜单中打开采样时重要测点观测窗口,随时掌握影响实验进程的关键参数。

窗口参数的设置包括窗口的新建、关闭、排列、绘图方式、图例、曲线颜色、文字颜色、统计信息、坐标等,各参数的选择可通过菜单栏或按相应的快捷键进入。

设置坐标参数时,需对被测试件的极限承载力及变形进行预估,这样可以得到较好的图形比例。实际上,在数据采集的过程中可以随时在不中断数据采集的前提下进行窗口参数的修改,但在实验前对所采数据进行相应的判断,并设置较为合理的窗口,还是很有必要的。

对比当前各参数与实际的测试内容是否相符,若相符,则进入"数据预采集"步骤;若不符,则应选择正确的参数或通过"打开项目"的方式引入所需要的测试环境。

5)数据预采集。

(1)数据平衡零点。

单击菜单栏中的"控制",选择"平衡",对各通道的初始值进行硬件平衡。对于无法平衡的通道,会在表格数据中指示。

(2)预加载。

在正式加载前,为检查仪器仪表读数是否正常,需要进行预加载。预加载所用的最大荷载是开裂荷载的40%。

单击菜单栏中的"控制",选择"启动采样",选择好数据存储的目录,便进入相应的采集环境。采集到相应的零点数据,此时通过手动泵给混凝土梁施加荷载,应能检测到相应的数据。分析所采集的数据,确认测试系统及各参数设置的正确性。确定各部分可正常运行后,卸载至试件处于非受力状态,便可以进行正式的加载测试了。

6)加载测试。

在混凝土梁处于非受力状态时平衡测点,启动采样,分级加载,得到所需的测试数据。需要注意的是,静态采集设备为DH3815N数据采集仪,停止采样后开始新采样时,并不会覆盖原来的数据,而是连接在原来数据的后面,这样就便于为同一实验多次采集数据。

首先调整手动泵的换向装置,压动手动泵时,油缸向下运行。当分配梁底部加载铰支座与实验梁顶面加载垫板相接触时,实验梁便开始受力。按照表13-2中的加载顺序进行加载,并注意各个步骤的注意事项。

表13-2   加载流程及注意事项

编号	试件受力状态 (加载顺序)	加载级距	加载时间 间隔/min	注意事项
1	开始加载至开裂 预估荷载的 90%以前	不宜大于开裂 预估荷载的20%	2~3	在每级加载后的间歇时间内,认真观察实验梁上是否出现裂缝,加载持续2min后记录百分表、手持式应变仪等软件无法采集数据的仪表的读数
2	试验梁开裂 荷载的90%至 开裂荷载	按估算极限荷载的 5%分级加载	2~3	每级加载后的间歇时间内,认真观察实验梁上是否出现裂缝,在实验梁表面对裂缝的走向和宽度进行标记,记录开裂荷载
3	正常使用状态(拉区 混凝土开裂至 受拉钢筋屈服)	按估算极限荷载的 10%分级加载	3~5	在每级加载后的间歇时间内,认真观察实验梁上原有裂缝的开展和新裂缝的出现等情况,用读数放大镜及钢直尺等工具量测各级荷载作用下的裂缝宽度、长度及裂缝间距,并使用数码相机拍摄后手工绘制裂缝展开图,裂缝宽度的测量位置为构件的侧面相应于受拉主筋高度处。最大裂缝宽度应在使用状态短期实验荷载值持续2~3min结束时进行量测,同时记录百分表、手持式应变仪等软件无法采集数据的仪表的读数
4	受拉钢筋屈服至 承载力极限状态	钢筋屈服工况 对应的跨中位移Δ_y	3~5	当有以下情况出现时,可认为构件达到承载力极限状态: ①对有明显物理流限的热轧钢筋,其受拉主筋的受拉应变达到0.01; ②受拉主筋拉断; ③受拉主筋处最大垂直裂缝宽度达到1.5mm; ④挠度达到跨度的1/30; ⑤受压区混凝土压坏。 在构件接近极限状态时,注意拆除仪表,然后加载至破坏

当试件加载至破坏以后,卸载、停止采集数据,这样就完成了实验的加载测试。

13.1.6 分析数据完成实验报告

1)实验原始资料的整理。

实验原始资料应包括下列内容。

(1)实验对象的考察与检查;

(2)材料的力学性能实验结果;

(3)实验计划与方案及实施过程中的一切变动情况记录;

(4)测读数据记录及裂缝图;

(5)描述实验异常情况的记录;

(6)破坏形态的说明及图例照片。

另外,应对测读数据进行必要的运算、换算,统一计量单位,并认真核对。实验构件控制部位上安装的关键性仪表的测读数据,在实验进行过程中应及时整理、校核。

2)裂缝发展情况及破坏形态描述。

裂缝实验资料可根据实验目的按下列要求进行整理。

(1)统计各级实验荷载下的最大裂缝宽度和最大裂缝所在位置,并说明裂缝的种类;

(2)绘制各级实验荷载作用下的裂缝发生、发展的展开图;

(3)统计出各级实验荷载作用下的裂缝宽度平均值、裂缝间距平均值。

如图 13-16 和图 13-17 所示,分别为某实验梁的裂缝示意图和最终的裂缝照片。

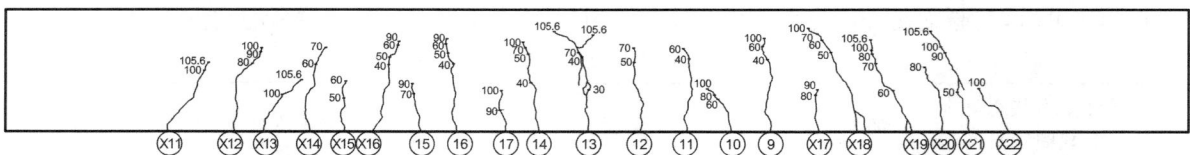

图 13-16 某实验梁裂缝示意

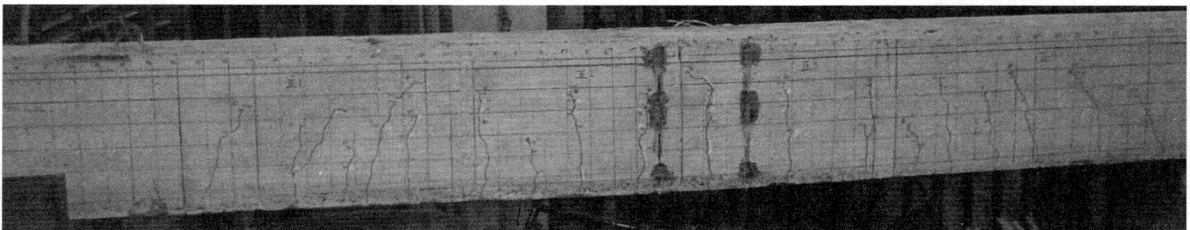

图 13-17 某实验梁裂缝照片

3)荷载-挠度关系曲线。

实验梁荷载-挠度关系曲线能够反映出实验梁在加载过程中所处的工作阶段,因此绘制实验梁的荷载-挠度关系曲线是非常必要的。确定简支梁构件在各级荷载作用下的短期挠度实测值,应考虑支座沉降、自重、加载设备自重及加载方式的影响,可按下式计算:

$$f_{s,i}^0 = f_{q,i}^0 + f_g^c \tag{13-1}$$

$$f_{q,i}^0 = f_{m,i}^0 - \frac{1}{2}(f_{l,i}^c + f_{r,i}^c) \tag{13-2}$$

$$f_g^c = \frac{M_g}{M_b} f_b^0 \tag{13-3}$$

式中,$f_{s,i}^0$ 为经修正后的第 i 级实验荷载作用下的构件跨中短期挠度实测值(mm);$f_{q,i}^0$ 为消除支座沉降后的第 i 级实验荷载作用下的构件跨中短期挠度实测值(mm);f_g^c 为梁构件自重和加载设备重力产生的跨中挠度值(mm);$f_{m,i}^0$ 为第 i 级外加实验荷载作用下构件跨中位移实测值(包括支座沉降)(mm);$f_{l,i}^c$、$f_{r,i}^c$ 分别为

第 i 级外加实验荷载作用下构件左、右端支座沉降位移实测值(mm); M_g 为构件自重和加载设备重力产生的跨中弯矩值(kN·m); M_b 为从外加实验荷载开始至构件出现裂缝的前一级荷载为止的加载值产生的跨中弯矩值(kN·m); f_b^0 为从外加实验荷载开始至构件出现裂缝的前一级荷载为止的加载值产生的跨中挠度实测值(mm)。

如利用软件自带的虚拟通道及通道运算功能,可以自动生成如图 13-18 所示的荷载-挠度关系曲线。

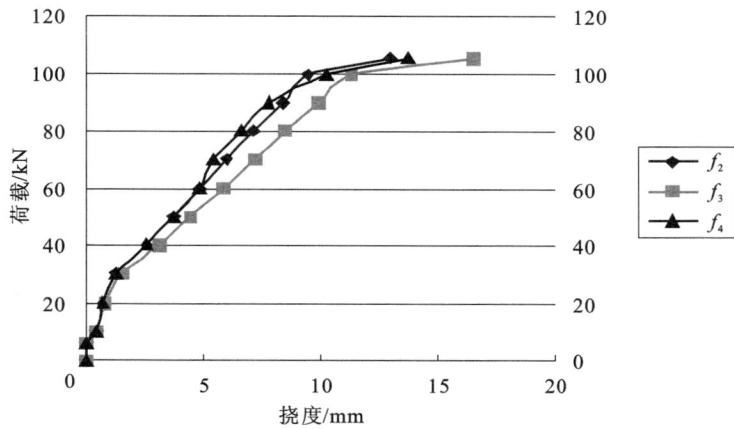

图 13-18　实测实验梁荷载-挠度关系曲线

4)沿构件截面高度混凝土平均应变分布。

变形之前的平面在变形后仍保持为平面的假定称为平截面假定。实验表明,钢筋混凝土受弯和偏心受压构件开裂前满足平截面假定;开裂后,尽管开裂截面一分为二,但从平均应变的意义来看,平截面假定仍能成立。根据梁侧混凝土应变实验数据,一方面,可以验证平截面假定;另一方面,可以分析得到跨中"弯矩-平均曲率"关系曲线,从而分析构件的受弯刚度。

5)弯矩-曲率关系曲线。

在梁的单位长度上,正截面的转角称为截面曲率 φ,它是度量正截面弯曲变形的标志。根据实测混凝土应变,跨中截面平均曲率 φ_{ij} 可按下式计算:

$$\varphi_{ij} = \frac{\varepsilon_i - \varepsilon_j}{\Delta h_{ij}} \tag{13-4}$$

式中,若定义挠度以向下为正,则 ε_i、ε_j 分别为截面侧面上、下两点的实测混凝土平均应变(以拉应变为正), Δh_{ij} 为该两点沿梁截面高度方向的实测距离。

而弯矩 M、曲率 φ 和短期刚度 B_s 存在以下关系:

$$B_s = \frac{M}{\varphi} \tag{13-5}$$

因此,根据跨中弯矩和平均曲率,可以确定构件在使用阶段的短期刚度。

图 13-19 为实测实验梁两侧混凝土平均应变和荷载的关系曲线,图 13-20 为根据实测混凝土平均应变计算得到的跨中平均曲率 φ 和跨中弯矩 M 的关系曲线。

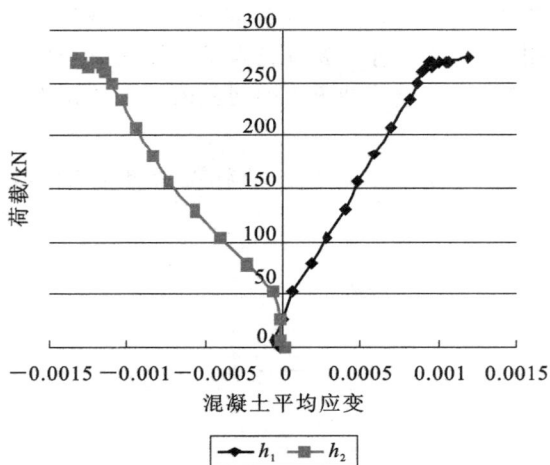

图 13-19 实测实验梁跨中混凝土平均应变和
荷载关系曲线

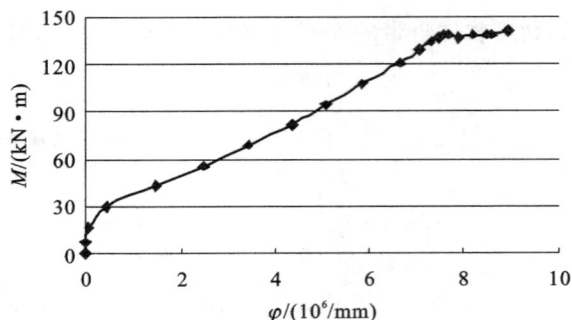

图 13-20 实测实验梁跨中 **M-φ** 关系曲线

6) 荷载-纵向钢筋应变关系曲线。

梁受弯试验试件的所有纵向钢筋的跨中段均布置有应变片。根据实测结果,将荷载作为纵轴,纵向钢筋应变作为横轴,软件可以自动生成荷载-纵向钢筋应变关系曲线。根据该曲线,可以观察出加载过程中纵向钢筋应变的变化情况,并可以清楚看到纵向钢筋是否屈服及屈服时所对应的荷载工况,以及进行纵向钢筋应变计算值和理论值比较、纵向钢筋平均应变-裂缝宽度关系分析等工作。

图 13-21 为某实验梁跨中段 6 个测点纵向钢筋应变与荷载的关系曲线,图 13-22 为该 6 个测点纵向钢筋应变的平均值与荷载的关系曲线。

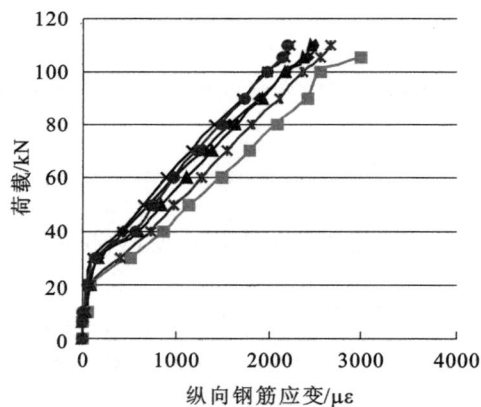

图 13-21 某实验梁荷载-纵向钢筋应变关系

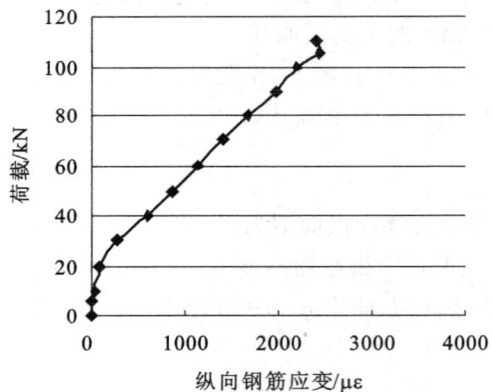

图 13-22 某实验梁荷载-纵向钢筋平均应变关系

7) 完成实验报告。

观察实验现象、分析实验数据后就可以填写实验报告,完成实验报告的各项内容,并总结实验过程中遇到的问题及解决方法。

13.1.7 实验要求

(1) 在实验准备工作中,有关试件、加载设备等的吊装,电器设备、电器线路等的安装以及实验后拆除构件和实验装置的操作,均应符合有关建筑安装工程的安全技术规程。实验使用的设备应有操作规定,并应严格遵守。

(2) 在对试件进行预载,检验仪器仪表能否正常工作时,一定要事先进行理论计算,确保所加荷载不足开裂荷载的 40%,同时验证实测值与理论值是否相符。

　　（3）在实验过程中,应注意人身和仪表的安全,实验地区宜设置明显标志。当荷载达到承载力实验荷载计算值的 85% 时,宜拆除可能损坏的仪表。对于需要量测结构破坏阶段的结构反应的仪表,应采取有效的保护措施。

13.2　混凝土梁受弯承载能力实验预习报告　>>>

班级：_____　姓名：_____　学号：_____

评定	
教师签章	
批阅日期	

1. 根据实验指导书，解释以下概念。

（1）适筋梁。

（2）正常使用状态。

（3）承载力极限状态。

2. 根据实验指导书中所给条件，预估试件的开裂荷载和极限荷载，写出主要计算步骤。

3. 根据实验指导书,简述本实验主要操作步骤。

4. 设计以下测量过程的实验记录表格。

(1)实验对象的考察与检查;

(2)材料的力学性能获取;

(3)实验计划与方案及实施过程中的一切变动情况记录;

(4)测读数据记录及裂缝图;

(5)描述实验异常情况的记录;

(6)破坏形态的说明及图例照片。

13.3 混凝土梁受弯承载能力实验报告 >>>

班级：_____ 姓名：_____ 学号：_____

同组者姓名：_____

实验日期：_____

评定	
教师签章	
批阅日期	

1. 简述本实验的实验计划与方案。

2. 描述裂缝发展情况及破坏形态，裂缝实验资料可根据实验目的按下列要求进行整理。

(1) 说明各级实验荷载下的最大裂缝宽度和最大裂缝所在位置，并列出裂缝的种类；

(2) 绘制各级实验荷载作用下的裂缝发生、发展的展开图；

(3) 统计各级实验荷载作用下的裂缝宽度平均值、裂缝间距平均值。

3. 绘制实验梁荷载-挠度关系曲线。

4. 统计各级荷载下沿构件截面高度混凝土平均应变分布（选做）。

5. 绘制实验梁弯矩-曲率关系曲线。

6. 绘制荷载-纵筋应变关系曲线。

第 14 章　超声波法检测钢结构焊缝内部缺陷实验

14.1　超声波法检测钢结构焊缝内部缺陷实验指导书　>>>

14.1.1　实验目的

钢结构由于其强度高、自重轻、刚度大等特性,已广泛应用在厂房、桥梁、水电、场馆等工程中。钢结构在制作安装过程中涉及焊接,无损检测是检测钢结构焊接质量的重要手段。随着钢材性能及超声波检测手段的日臻完善,钢结构产品向更深、更广的领域拓展。声波探伤是通过超声波仪探头产生和发射高频超声波到待检材料中,利用超声波在同一均匀介质中按恒速直线传播,而从一种介质传播到另一介质时会产生反射和折射的原理,用探头接收这些反射、折射的超声波到超声仪,由超声仪放大显示在超声显示屏上,超声波探伤工作者根据显示的波形和波高来分析和判定缺陷的类型和大小。超声波探伤具有灵敏度高、操作简便、探测速度快、成本低且对人体无损伤的优点,故得到广泛应用。

本实验主要达到以下目的。

(1)了解数字式超声波探伤仪的构造,学会接线及仪器的操作方法。

(2)掌握用斜探头进行探伤操作。

(3)了解利用纵波及横波探伤及确定缺陷位置的方法。

14.1.2　实验内容

利用斜探头对"对接焊缝"进行探伤。

14.1.3　实验仪器及工具

A 型显示脉冲反射式超声波探伤仪、标准试块、钢板尺、耦合剂、对接焊缝试件、擦布。

14.1.4　实验原理

超声波是频率大于 20000Hz 的机械波,探伤中常用的超声波频率为 0.5～10MHz,其中 2～5MHz 被推荐为焊缝探伤的公称频率。对于钢结构的探伤,一般适用于母材厚度不小于 8mm、曲率半径不小于 160mm 的普通碳素钢和低合金钢对接全熔透焊缝的质量检验。

根据质量要求,检验等级分为 A、B、C 三级,检验工作的难度系数按 A、B、C 顺序逐渐增大。A 级检验采用一种角度探头在焊缝的单面单侧进行检验,只对允许扫查到的焊缝截面进行探测。一般不要求作横向缺陷的检验。母材厚度大于 50mm 时,不得采用 A 级检验。B 级检验原则上采用一种角度探头在焊缝的单面双侧进行检验,对整个焊缝截面进行探测。母材厚度大于 100mm 时,采用双面双侧检验。当受构件的几何条件限制时,可在焊缝的双面单侧采用两种角度的探头进行探伤。条件允许时要求作横向缺陷的检验。C 级检验至少要采用两种角度探头,在焊缝的双面双侧进行检验,同时要作两个方向和两种探头角度的横向缺陷检验。母材厚度大于100mm 时,采用双面双侧检验。

应根据工件的材质、结构、焊接方法、受力状态选用检验级别,如设计和结构上无特别指定,钢结构焊缝质量的超声波探伤一般宜选用 B 级检验。

超声波探伤设备一般由超声波探伤仪、探头和试块组成。

①超声波探伤仪。超声波探伤仪使用 A 型显示脉冲反射式超声波探伤仪,水平线性误差不应大于1‰,垂直线性误差不应大于5％。也可使用数字式超声波探伤仪,应至少能存储 4 幅 DAC 曲线。超声仪主机工作频率应为 2～5MHz,且实时采用频率不应小于 40MHz。对于超声衰减大的工件,可选用低于2.5MHz的频率。

②探头。探头又称换能器,其核心部件是压电晶片,又称晶片。晶片的功能是把高频电脉冲转换为超声波,又可把超声波转换为高频电脉冲,实现电-声能量相互转换的能量转换器件。由于焊缝形状和材质、探伤的目的及探伤条件等不同,需使用不同形式的探头。在焊接探伤中常采用以下几种探头形式:

a. 直探头:声速垂直于被探构件表面入射的探头称为直探头,可发射和接收纵波。

b. 斜探头:斜探头和直探头在结构上的主要区别是斜探头在压电晶体的下前方设置了透声斜楔块,斜楔块用有机玻璃制作,它与工件组成固定倾角的不同介质界面,使压电晶片发射的纵波通过波型转换,以单一折射横波的形式在工件中传播。通常横波斜探头以波在钢中折射角 β 标称:40°、45°、60°、70°,或以折射角的正切值 $K(\tan\beta)$ 标称:K1.0、K1.5、K2.0、K2.5、K3.0。

c. 双晶探头:又称分割式 TP 探头,内含 2 个压电晶片,分别为发射、接收晶片,中间用隔声层隔开,主要用于近表面探伤和测厚。

③试块。试块是按一定用途专门设计制作的具有简单形状的人工反射体的试件。它是探伤设备系统的一个组成部分,也是探伤标准的一个组成部分,是判定探伤质量的重要尺度。根据使用目标和要求,通常将试块分成标准试块和对比试块。标准试块的制作技术要求和对比试块要求应符合《无损检测 超声检测 1 号校准试块》(GB/T 19799.1—2015)的规定。

采用超声波法检测钢结构焊缝内部缺陷时,首先确定检验等级,按照不同检验等级和板厚选择探伤面、探伤方向和斜探头折射角 β,测试探伤仪及探伤仪与探头的组合性能,确定检测区域的宽度及探头移动区,选用适当的耦合剂调节仪器探伤范围,根据所测工件的尺寸调整仪器时间基线,绘制距离-波幅(DAC)曲线。

距离-波幅(DAC)曲线应由选用的仪器、探头系统在对比试块上的实测数据绘制而成。当探伤面曲率半径 R 小于或等于 $W^2/4$(W 为探头接触面的宽度)时,距离-波幅(DAC)曲线的绘制应在曲面对比试块上进行。

绘制成的距离-波幅曲线应由评定线 EL、定量线 SL 和判废线 RL 组成。评定线与定量线之间(包括评定线)的区域规定为Ⅰ区,定量线与判废线之间(包括定量线)的区域规定为Ⅱ区,判废线及其以上区域规定为Ⅲ区。

不同验收级别所对应的各条线的灵敏度要求见表14-1。表14-1 中的 DAC 是以 A3 横通孔作为标准反射体绘制的距离-波幅曲线,即 DAC 基准线。在满足被检工件最大测试厚度的整个范围内绘制的距离-波幅曲线在探伤仪荧光屏上的高度不得低于满刻度的20％。

表 14-1 距离-波幅曲线的灵敏度

检验等级	A	B	C
板厚/mm	8～50	8～300	8～300
判废线	DAC	DAC-4dB	DAC-2dB
定量线	DAC-10dB	DAC-10dB	DAC-8dB
评定线	DAC-16dB	DAC-16dB	DAC-14dB

超声波检测包括探测面的修整、涂抹耦合剂、探伤作业、缺陷的评定等步骤。

检测前应对探测面进行修整或打磨，清除焊接飞溅物、油垢及其他杂质，表面粗糙度不应超过 $6.3\mu m$。采用一次反射或串列式扫查检测时，一侧修整或打磨区域宽度应大于 $2.5K\delta$；采用直射检测时，一侧修整或打磨区域宽度应大于 $1.5K\delta$，δ 为被测母材的厚度。

根据工件的不同厚度进行仪器时间基线水平、深度或声程的调节。当探伤面为平面或曲率半径 $R>W^2/4$ 时，可在对比试块上进行时间基线的调节；当探伤面曲率半径 $R\leqslant W^2/4$ 时，探头楔块应磨成与工件曲面相吻合的形状，参考反射体的布置可参照对比试块来确定，试块宽度应按下式计算：

$$b \geqslant 2\lambda S/D_e$$

式中，b 为试块宽度（mm）；λ 为波长（mm）；S 为声称；D_e 为声源有效直径（mm）。

当受检工件的表面耦合损失及材质衰减与试块不同时，宜考虑表面补偿或材质补偿。耦合剂应具有良好透声性和适宜流动性，不应对材料和人体有损伤作用，同时应便于检测后清理。当工件处于水平面上检测时，宜选用液体类耦合剂；当工件处于竖立面检测时，宜选用糊状类耦合剂。

探伤灵敏度不应低于评定线灵敏度。扫查速度不应大于 $150mm/s$，相邻两次探头移动间隔应有 10% 探头宽度的重叠。为查找缺陷，扫查方式有锯齿形扫查、斜平行扫查和平行扫查等。为确定缺陷的位置、方向、形状，观察缺陷动态波形，可采用前后、左右、转角、环绕等四种探头扫查方式。

对所有反射波幅超过定量线的缺陷，均应确定其位置、最大反射波幅所在区域和缺陷指示长度。缺陷指示长度的测定可用降低 6dB 相对灵敏度测长法和端点峰值测长法。

当缺陷反射波只有一个高点时，用降低 6dB 相对灵敏度法测其长度；当缺陷反射波有多个高点时，则以缺陷两端反射波极大值之处的波高降低 6dB 之间探头的移动距离，作为缺陷的指示长度。当缺陷反射波在 Ⅰ 区未达到定量线时，如操作者认为有必要记录，则将探头左右移动，使缺陷反射波幅降低到评定线，以此测定缺陷的指示长度。

如用端点峰值测长法，在确定缺陷类型时，可将探头对准缺陷作平动和转动扫查，观察波形的相应变化，并结合操作者的工程经验，作出大致判断。

常见缺陷类型的反射波特性见表 14-2。

表 14-2   **焊缝超声波检测典型缺陷反射波特性**

缺陷类型	反射波特性	备注
裂缝	一般呈线状或面状，反射明显。探头平动时，反射波不会很快消失；探头转动时，多峰波的最大值交替错动	危险性缺陷
未焊透	表面较规则，反射明显。沿焊缝方向移动探动时，反射波较稳定；在焊缝两侧扫查时，得到的反射波大致相同	危险性缺陷
未熔合	从不同方向绕缺陷探测时，反射波高度变化显著。垂直于焊缝方向探动时，反射波高度较大	危险性缺陷
夹渣	属于体积型缺陷，反射不明显。从不同方向绕缺陷探测时，反射波高度变化不明显	非危险性缺陷
气孔	属于体积型缺陷。从不同方向绕缺陷探测时，反射波高度变化不明显	非危险性缺陷

最大反射波幅位于 DAC 曲线 Ⅱ 区的非危险性缺陷，其指示长度小于 10mm 时，可按 5mm 计。在检测范围内，相邻两个缺陷间距不大于 8mm 时，两个缺陷指示长度之和作为单个缺陷的指示长度；相邻两个缺陷间距大于 8mm 时，两个缺陷分别计算各自指示长度。

最大反射波幅位于 Ⅱ 区的非危险性缺陷，根据缺陷指示长度 ΔL 按表 14-3 予以评级。

表 14-3   评定登记表

检验等级		A	B	C
板厚/mm		8～50	8～300	8～300
评定等级	Ⅰ	$2\delta/3$，最小 12mm	$\delta/3$，最小 10mm，最大 30mm	$\delta/3$，最小 10mm，最大 20mm
	Ⅱ	$3\delta/4$，最小 12mm	$2\delta/3$，最小 12mm，最大 50mm	$\delta/2$，最小 10mm，最大 30mm
	Ⅲ	δ，最小 20mm	$3\delta/4$，最小 16mm，最大 75mm	$2\delta/3$，最小 12mm，最大 50mm
	Ⅳ		超过Ⅲ级者	

注：①焊缝两侧母材板厚 δ 不同时，取较薄侧母材厚度。

②最大反射波幅不超过评定线（未达到Ⅰ区）的缺陷均评为Ⅰ级。最大反射波幅超过评定线不到定量线的非裂纹类缺陷均评为Ⅰ级。

③最大反射波幅超过评定线的缺陷，检测人员判定为裂纹等危害性缺陷时，无论其波幅尺寸如何，均评定为Ⅳ级。最大反射波幅位于Ⅲ区的缺陷，无论其指示长度如何，均评定Ⅳ级。

14.1.5 超声波仪使用方法

1）斜探头校准。

（1）按"电源"键开机，按"通道"键选择一个未被使用的通道（CH＊＊＊）。

（2）按"探头"键，通过旋转飞轮，选择探头的类型、频率、晶片尺寸。

（3）将斜探头放在 CSK-ⅠA 试块上，移动探头寻找到 $R100$ 的最高回波，使其在屏幕的 80% 左右的位置。同时，$R50$ 的波形不低于屏幕 20%。分别将 A、B 两个闸门套在两个回波上。CSK-ⅠA 标准试块尺寸见图 14-1。

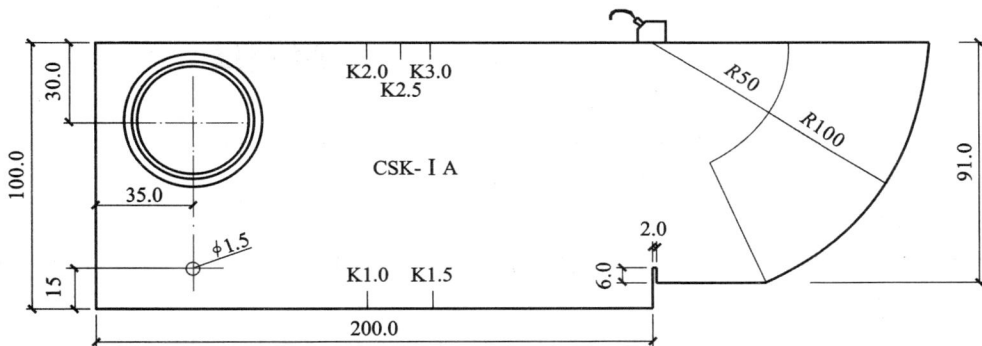

图 14-1   CSK-ⅠA 标准试块尺寸（单位：mm）

（4）按"探头"键选择"零偏"，"起始距离"选择 50mm，"终止距离"选择 100mm。按"零偏声速校准"键。探头的零偏和声速自动校准完毕，如图 14-2 所示。

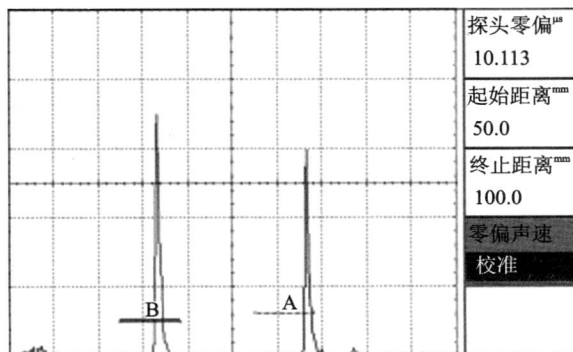

图 14-2   零偏声速校准界面

（5）此时探头不动，用钢尺在试块上测量出探头的前沿（先量出探头前沿到 $R100$ 端的距离 D，$100-D=$

探头前沿),在"探头前沿"里输入所测数值。

(6)K 值测量,选择"探头"—"角度"按钮,在 CSK-ⅠA 试块上移动探头,寻找到 A50 孔的最高回波,将波形增高到屏幕的 80%的位置,将闸门套在回波上,点击"角度测量执行",探头角度测量完毕,如图 14-3、图 14-4 所示。

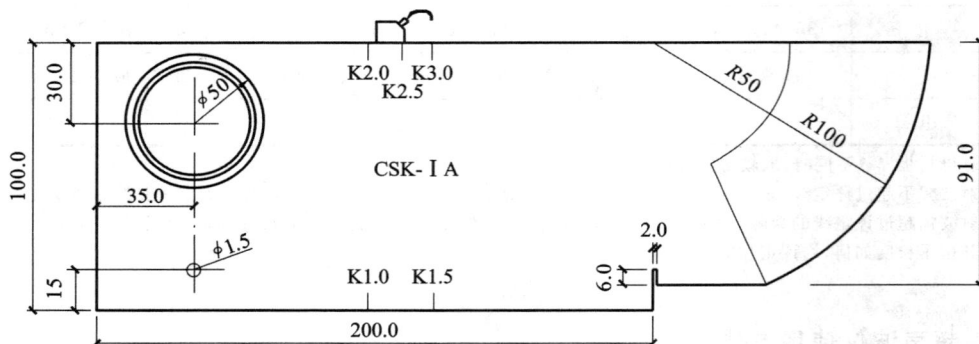

图 14-3　斜探头角度测试示意(单位:mm)

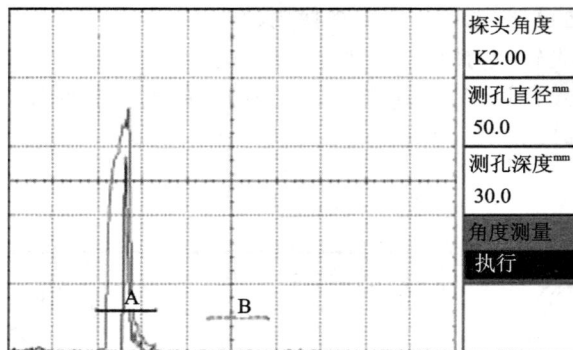

图 14-4　斜探头角度测试界面

2)DAC 曲线的制作。

(1)选择"辅助"—"功能"—"探伤标准",选择依据的探伤标准,输入工件厚度。(DAC 曲线做完后,波幅曲线自动生成需要的间隔。)

(2)按"DAC/AVG"键选择"开始制作",将探头放在 CSK-Ⅲ A 试块上,寻找到 10mm 深度孔的最高回波,将闸门套住回波,按"自动增益"键回波自动增益到 80%,选择"记录测点"执行,第一点制作完成。然后依次(20mm、30mm、40mm)根据板厚由浅到深最少找 3 个点(最深的点必须大于 2 倍的板厚)。每找到一个点的最高波,按一下"记录测点"。各个测点都找到后,选择"完成制作",DAC 曲线自动生成。

3)焊缝探伤操作。

(1)DAC 曲线制作完成后,可根据探伤标准和板厚条件推断波幅曲线的间隔,如图 14-5 所示。

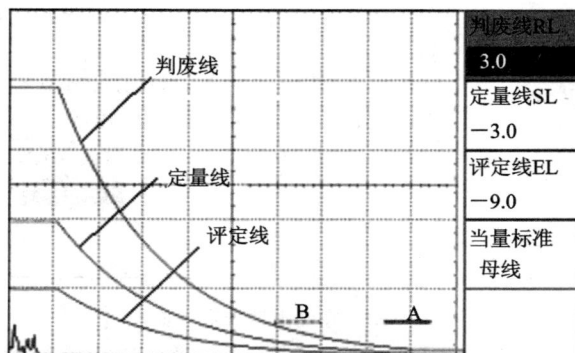

图 14-5　DAC 曲线制作界面

将"当量标准"调整为定量线,方便记录。

(2)调节好以后,以锯齿形的方式在焊缝两侧扫查,如图 14-6 所示。当有波形超过定量线的时候,仔细找到此缺陷的最高波,按住探头不动。

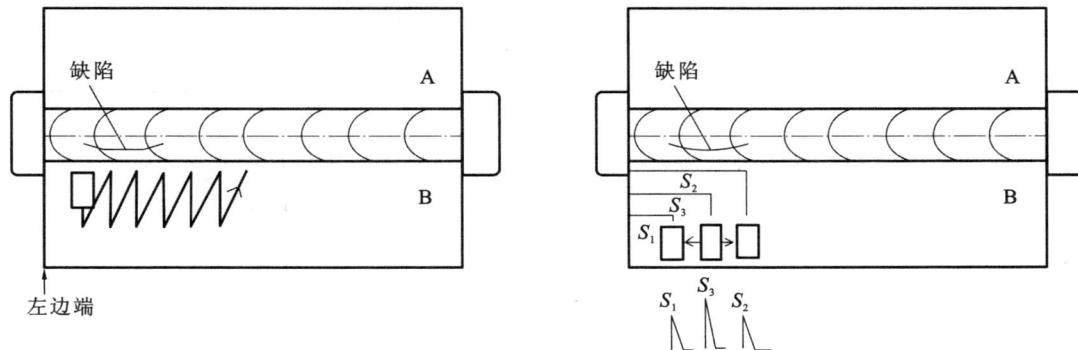

图 14-6 超声波扫描路线示意图

仪器上显示的数据如下。

①缺陷深度:$H=\times\times.\times$ mm;

②缺陷波幅值:$SL+\times\times.\times$ dB;

③波高区域:Ⅱ区或者Ⅲ区;

④测量出工件左端到探头中心的距离:$S_3=\times\times.\times$ mm;

⑤偏离焊缝中心位置(上面是 A 或+,下面是 B 或一)。

在找到缺陷最高波后,按"自动增益"键将波高置于屏幕的 80% 的位置,向左平行移动探头,使回波均降至最高回波的一半(屏幕的 40% 的位置),此时测量出工件左端到探头中心的位置 $S_1=\times\times.\times$ mm。向右平行移动探头,使回波均降至最高回波的一半(屏幕的 40% 的位置),此时测量出工件左端到探头中心的位置 $S_2=\times\times.\times$ mm;此时焊缝的缺陷长度为 $L=(S_2-S_1)$ mm。

14.1.6　注意事项

(1)去除被测工件表面的锈蚀、氧化物、油漆以及焊接溅射物等,使表面保持光滑,以保护探头。

(2)在工件与探头之间一定要涂耦合剂,耦合剂要均匀且适量。

(3)探伤结束后将探头和工件表面的耦合剂擦拭干净,防止腐蚀工件或损坏探头。

(4)用斜探头探伤时,要注意调节探头与焊缝之间的距离,保证超声波能够穿过焊缝。

(5)实验过程中要注意记录探伤信号的强弱和位置。

14.1.7　实验报告要求

(1)写明实验原理和实验内容。

(2)分析实验数据。

14.2　超声波法检测钢结构焊缝内部缺陷实验预习报告　>>>

班级：＿＿＿＿＿＿　姓名：＿＿＿＿＿＿　学号：＿＿＿＿＿＿

评定	
教师签章	
批阅日期	

1.简述超声波法检测钢结构焊缝内部缺陷的基本原理。

2.根据实验指导书,简述本实验主要测量哪些物理量,对应的测量仪器、方法有哪些,并简述实验主要步骤。

14.3　超声波法检测钢结构焊缝内部缺陷实验报告 >>>

班级：_____ 姓名：_____ 学号：_____

同组者姓名：_____

实验日期：_____

评定	
教师签章	
批阅日期	

1. 实验目的。

2. 主要实验仪器。

3.实验主要步骤及结果。

工件名称		编号	
材料		制造方法	
探伤仪型号		频率	
探头		耦合剂	

探伤结果记录：　　　　　　　　　　　　图示：

缺陷序号	始点位置 S_1/mm	终点位置 S_2/mm	指示长度 L/mm	最大波幅位置 S_3/mm	缺陷深度 H/mm	偏离焊缝中心 q/mm		高于定量线 SL+dB	波高区域	评定级别	备注
						A(+)	B(−)				
1											
2											
计算数据											
分析及讨论结果											

4.实验验证措施。

第 15 章　电磁法检测钢结构防腐涂层厚度实验

15.1　电磁法检测钢结构防腐涂层厚度实验指导书　**>>>**

15.1.1　实验目的

钢结构工程优势较多,如构造牢固、工程施工便捷、造型设计美观大方、耐久性强等,但其也有自身的薄弱点,即易腐蚀和防火能力较差。不锈钢板材的腐蚀是自发性的,难以避免,但能够通过采取相应措施进行防护。钢结构工程的安全防护即对不锈钢板材采取防护措施,进而缓解不锈钢板材的锈蚀和腐蚀进程,延长钢预制构件的使用期限。防护涂层的厚度是判定防护措施是否到位的重要指标,因此对钢结构防腐涂层厚度进行测量是钢结构现场检测的一个重要环节。

本实验主要达到以下目的。

(1)掌握电磁法涂层测厚仪的基本原理。

(2)掌握测厚仪的正确使用方法。

15.1.2　实验内容

用电磁法对钢结构防腐涂层的厚度进行测定。

15.1.3　实验仪器设备

涂层测厚仪、校准标准片(包括箔和基体)、电磁法钢筋校准试件、涂防腐涂层的钢结构试件。

15.1.4　实验原理

涂层测厚仪(图 15-1)是利用磁性测头经过非磁性涂层流入磁性金属基体的磁通的大小来测量涂层的厚度。因为涂层越厚,磁阻就越大,磁通就越小。通常采用电磁法测非磁性涂层的厚度,一般要求基材的导磁率在 500H/m 以上,要求基材的导磁率与涂层的导磁率之差足够大,如钢材上镀镍。

涂层测厚仪通常可以用来测量钢、铁表面的油漆、搪瓷、塑料、橡胶以及化工石油的各种防腐涂层等。

15.1.5　实验步骤

(1)准备好待测试件。

测量前,应清除待测试钢件表面的所有附着物质,如尘土、油脂及腐蚀产物等,但不要除去覆盖层物质。用抹布先蘸取兑有中性清洁剂的水溶液清理表面污物,然后清水冲洗 2 遍,最后用干净抹布蘸取无水酒精擦拭。清理过程中不得打磨。

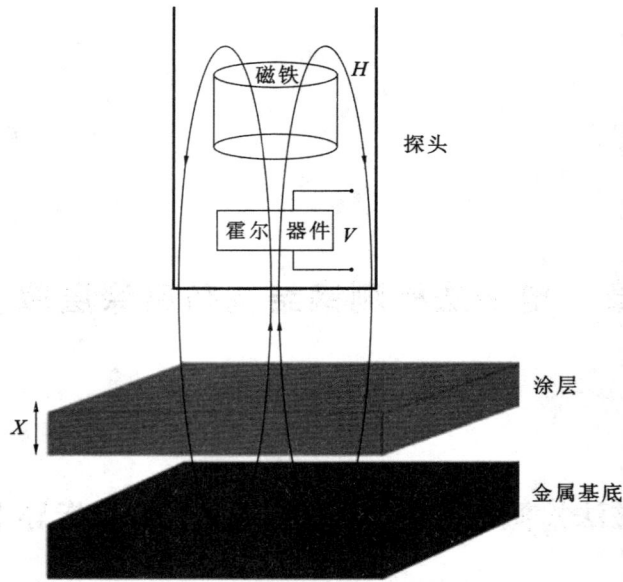

图 15-1　涂层测厚仪原理示意图

注：H 为磁场强度，V 为电流强度，X 为涂层厚度。

（2）安装测头。

将测头插头按图 15-2 所示插入主机的测头插座中，并旋紧锁母。

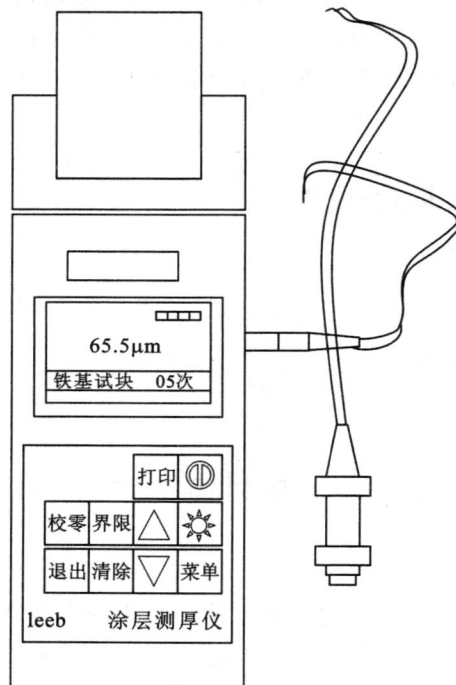

图 15-2　仪器测头安装示意图

测头构造如图 15-3 所示。

（3）测厚仪开机。

将测头置于开放空间，1m 范围内不得有磁性物质，按下主机上的"⏻"键开机，此时仪器自检显示所装测头类型，界面如图 15-4 所示。此时应检查电池电压，如电池电压过低，仪器将自动关机。

自检后正常情况下，将显示上次关机前的测量值，如图 15-5 所示。

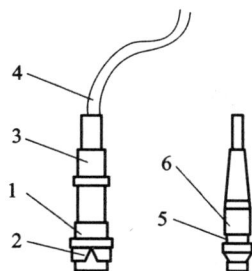

图 15-3　测头构造图

1—定位套;2—"V"形口;3—加载套;

4—连线;5—插头;6—锁母

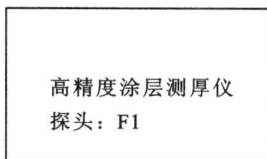

图 15-4　仪器自检显示所装测头类型

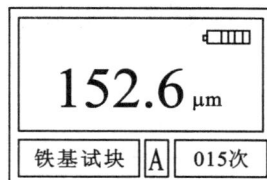

图 15-5　上次关机前的测量值

(4)校准仪器。

在基体上进行一次测量,屏幕显示<×.×μm>。按"校零"键,屏幕显示<0.0>。校准已完成,可以开始测量。

标准片基体金属的磁性和表面粗糙度,应当与待测试件基体金属的磁性和表面粗糙度相似。采用已知厚度的、均匀的,并与基体牢固结合的覆盖层作为标准片。对于磁性方法,覆盖层是非磁性的。

在厚度大致等于预计的待测覆盖层厚度的标准片上进行一次测量,屏幕显示<×××μm>。用"↑""↓"键修正读数,使其达到标准值。校准已完成。

(5)测量。

在每平方米范围内选取 5 个点进行涂层厚度的测量,进而进行检测。测量时迅速将测头与测试面垂直地接触,并轻压测头定位套,随着一声鸣响,屏幕显示测量值,提起测头即可进行下次测量。

(6)关机。

在无任何操作的情况下,大约 1~2min 后仪器将自动关机。按下" ⏻"键,则设备立即关机。检查清理测头表面的污染物后,将测头从主机上拆下,连同主机放回设备箱。

15.1.6　实验要求

(1)严格按照测厚仪操作规程操作。

(2)实验中正确记录各要求的数据。

(3)实验后整理实验数据,并写出实验报告。

15.2　电磁法检测钢结构防腐涂层厚度实验预习报告　　**>>>**

班级：_____　姓名：_____　学号：_____

评定	
教师签章	
批阅日期	

1. 根据实验指导书，简述本实验主要测量哪些物理量及对应的测量仪器、方法。

2. 查阅相关资料，简述电磁法涂层测厚仪的基本原理，必要时可画图示例。

15.3 电磁法检测钢结构防腐涂层厚度实验报告 >>>

班级：_____ 姓名：_____ 学号：_____
同组者姓名：_____
实验日期：_____

评定	
教师签章	
批阅日期	

1. 电磁法检测钢结构防腐涂层厚度原始记录。

工程名称		构件名称及编号	
实验方法		实验依据	
主要仪器设备名称		实验环境条件	
实验人员		指导教师	
记录人员		实验日期	垫块厚度/mm

序号	设计涂层厚度/mm	检测部位	涂层厚度检测值/mm					涂层厚度代表值/mm
			1	2	3	4	5	

检测部位示意：

2.思考题。

(1)影响电磁法检测钢结构防腐涂层厚度精度的主要因素有哪些?

(2)还有什么方法可以测量钢结构防腐涂层厚度?

第 16 章　贯入法检测砌体砂浆强度实验

16.1　贯入法检测砌体砂浆强度实验指导书　>>>

16.1.1　实验目的

砌体结构因造价低,施工工艺简单,具有良好的保温、隔热、隔声性能,在我国建筑结构体系中占有重要地位。我国城镇有数十亿平方米的公共建筑、工业厂房和住宅为砌体结构,但由于种种原因,许多房屋已经出现质量问题,如早期建筑的砌体结构房屋普遍存在砌筑砂浆质量问题,很多房屋需要进行可靠性鉴定和维修。因此,对既有砌体结构房屋开展质量检测工作显得尤为重要。砌体结构的现场检测包括砌体材料强度(性能)检测,砌体结构中混凝土构件的检测,砌体结构的尺寸、位置及变形检测,砌体结构的裂缝检测,砌体结构预制楼板原位加载试验等多个方面。砌体材料主要由块材和砌筑砂浆组成,既有建筑中砌筑砂浆的强度检测方法主要有推出法、筒压法、砂浆片剪切法、砂浆回弹法、贯入法、点荷法和砂浆片局压法,其中最常用的是砂浆回弹法和贯入法。

本实验主要达到以下目的。

(1)掌握贯入法检测砌体砂浆强度的基本步骤和方法。

(2)熟悉和掌握贯入法检测砌体砂浆强度的技术规程,并能根据实验结果分析计算出砂浆的抗压强度。

16.1.2　实验仪器及工具

贯入式砂浆强度检测仪、数字式贯入深度测量表、砂轮、规尺。

16.1.3　实验原理

贯入法是通过贯入仪压缩工作弹簧加荷,给特制测钉一个恒定的压力,测钉在砂浆中受到的摩擦阻力不同,进入的深度也不一样,摩擦阻力的大小与砂浆硬度以及材料品种有关。根据测钉的贯入深度与材料的抗压强度成负相关这一原理来检测砂浆的抗压强度。

为了满足原位检测砌筑砂浆强度的要求,研发者制作了贯入力为 400N、600N、700N、800N 和 1000N 的五种工作弹簧,分别对砂浆试块进行试验。试验结果表明,贯入深度和砂浆的抗压强度成指数函数关系。当贯入力较小时,对于强度较高的砂浆,贯入深度的变化不大,检测时容易产生较大的误差。而当贯入力为 1000N 时,对于强度较低的砂浆,则贯入力表现过大,将砂浆撞碎,使贯入试验的部位形成一个坑,所测的贯入深度往往比规定深度大。而较大的贯入力对于一般强度的砂浆,其贯入阻力相对很小,贯入深度的变化反映不出砂浆强度的变化。试验证明,选用贯入力为 800N 能满足使用要求。贯入仪定型为 SJY800B 型贯入式砂浆强度检测仪。

贯入法检测使用的仪器包括贯入式砂浆强度检测仪和贯入深度测量表。相关规程规定:贯入式砂浆强度检测仪的贯入力为(800±8)N,工作行程为(20±0.1)mm;贯入深度测量表的最大量程为(20±0.02)mm,分度值为0.01mm。使用贯入仪的环境温度应为-4~40℃。

测钉长度应为(40±0.10)mm,直径应为(3.50±0.05)mm,尖端锥度应为45°±0.5°。测钉量规的量规槽长度为$39.5_0^{+0.10}$mm。测钉用特殊钢制成,每一测钉大约可以使用50~100次,具体使用次数视所测砂浆的强度的不同而不同。测钉是否应报废,可以用仪器箱中配套的测钉量规来检查。当测钉能够通过量规槽时,就应该废弃更换。

《贯入法检测砌筑砂浆抗压强度技术规程》(JGJ/T 136—2017)适用工业与民用建筑砌体结构工程中砌筑砂浆抗压强度的现场检测,并作为推定抗压强度的依据。该方法检测砂浆的品种为水泥混合砂浆或水泥砂浆,检测砂浆的强度范围在0.4~16.0MPa。

检测时,灰缝中的砂浆应处于自然干燥状态,因为砂浆的含湿率对贯入深度值有较大影响。该方法不适用于遭受高温、冻害、化学侵蚀、火灾等表面损伤的砂浆检测,以及冻结法施工的砂浆在强度回升阶段的检测。

由于《贯入法检测砌筑砂浆抗压强度技术规程》(JGJ/T 136—2017)建立测强曲线的试验数据取自部分地区,为避免导致较大的检测误差,该规程要求在使用前应先进行检测误差验证。测试的平均相对误差不应大于18%,相对标准差不应大于20%。《贯入法检测砌筑砂浆抗压强度技术规程》(JGJ/T 136—2017)增加了检测预拌砌筑砂浆、预拌抹灰砂浆和现场拌制抹灰砂浆的测强曲线等内容。

16.1.4　实验步骤

1)砌筑砂浆抽样。

按批抽样检测时,应取龄期相近的同楼层、同品种和同强度等级的砌筑砂浆且不超过250m³砌体为一检测单元(即一检验批);每一检测单元抽检数量不应少于砌体总构件数的30%,且不应少于6个构件。基础砌体可按一个楼层计。每一构件(单片墙体、柱)应测试16个点。

2)测点要求。

(1)被检测灰缝应饱满,其厚度不应小于7mm,并应避开竖缝位置、门窗洞口、后砌洞口和预埋件的边缘。检测加气混凝土砌块砌体时,其灰缝厚度应大于测钉直径。

(2)多孔砖砌体和空斗墙砌体的水平灰缝深度不应小于30mm。

(3)砌筑砂浆测点应均匀分布在构件水平灰缝上,相邻测点水平间距不宜小于240mm,每条灰缝测点不宜多于2点。

(4)抹灰墙面测点应避开空鼓、冲筋和灰饼位置。

3)测位处理。

砌筑砂浆检测范围内的饰面层、粉刷层、勾缝砂浆、浮浆以及表面损伤层等应清除干净;应使待测灰缝砂浆暴露并打磨平整后再进行检测。

被测抹灰面应清洁平整,测点分布均匀,贯入深度不应大于抹灰层厚度。

4)贯入检测。

(1)贯入检测应按下列程序操作。

①将测钉插入贯入杆的测钉座中,测钉尖端朝外,固定好测钉。

②加力。当用加力杠杆加力时,将加力杠杆插入贯入杆外端,施加外力使挂钩挂上;当用旋紧螺母加力时,用摇柄旋紧螺母,直至挂钩挂上为止,然后将螺母退至贯入杆顶端。

③将贯入仪扁头对准灰缝中间,并垂直贴在被测砌体灰缝的表面,握住贯入仪把手,扳动扳机,将测钉贯入被测砂浆中。

(2)每次贯入检测前,应清除测钉上附着的水泥灰渣等杂物,同时用测钉量规核查测钉的长度,当测钉的长度小于测钉量规槽时,应重新选择测钉。

（3）操作过程中，当测点处的灰缝砂浆存在空洞或测孔周围砂浆有缺损时，该测点应作废，应另选测点补测。

（4）贯入深度的测量应按下列程序操作。

①开启贯入深度测量表，将其置于钢制平整量块上，直至扁头端面和量块表面重合，使贯入深度测量表的读数为零。

②将测钉从灰缝中拔出，用橡皮吹尘球（皮老虎）将测孔中的粉尘吹干净。

③将贯入深度测量表的测头插入测孔中，扁头紧贴灰缝砂浆，并垂直于被测砌体灰缝砂浆的表面，从测量表中直接读取显示值 d，并记录。

④直接读数不方便时，可按一下贯入深度测量表中的"保持"键，显示屏会记录当时的示值，然后取下贯入深度测量表读数。

（5）当砌体的灰缝经打磨仍难以达到平整时，可在测点处标记，贯入检测前用贯入深度测量表测读测点处的砂浆表面不平整度读数 d_{i0}，然后在测点处进行贯入检测，读取 d_i，贯入深度应按下式计算：

$$d_i = d_i' - d_{i0} \tag{16-1}$$

式中，d_i 为第 i 个测点贯入深度值（mm），精确至 0.01mm；d_{i0} 为第 i 个测点贯入深度测量表的不平整度读数（mm），精确至 0.01mm；d_i' 为第 i 个测点贯入深度测量表读数（mm），精确至 0.01mm。

16.1.5 数据处理

1）贯入深度平均值。

从每个测位的 16 个检测数值中，分别剔除 3 个较大值和 3 个较小值，将余下的 10 个贯入深度值按下式取平均值：

$$m_{d_i} = \frac{1}{10} \sum_{i=1}^{10} d_i \tag{16-2}$$

式中，m_{d_i} 为第 i 个构件的砂浆贯入深度代表值（mm），精确至 0.01mm；d_i 为第 i 个测点的砂浆贯入深度值（mm），精确至 0.01mm。

2）砂浆抗压强度换算值 $f_{2,j}^c$。

砂浆抗压强度换算值 $f_{2,j}^c$ 可根据贯入深度确定。

3）砂浆抗压强度推定值 $f_{2,c}^c$ 的确定。

（1）按单个构件检测时，单个构件砂浆抗压强度推定值按下式计算：

$$f_{2,c}^c = 0.91 f_{2,j}^c \tag{16-3}$$

式中，$f_{2,c}^c$ 为砂浆抗压强度推定值（MPa），精确至 0.1MPa；$f_{2,j}^c$ 为第 j 个构件的砂浆抗压强度换算值（MPa），精确至 0.1MPa；

（2）按批抽检时砂浆抗压强度推定值的确定。

①按批抽检时，同批构件砂浆应先按下列公式计算其强度平均值、标准差和变异系数：

$$m_{f_2^c} = \frac{1}{n} \sum_{j=1}^{n} f_{2,j}^c \tag{16-4}$$

$$s_{f_2^c} = \sqrt{\frac{\sum_{i=1}^{n} (m_{f_2^c} - f_{2,j}^c)^2}{n-1}} \tag{16-5}$$

$$\eta_{f_2^c} = \frac{s_{f_2^c}}{m_{f_2^c}} \tag{16-6}$$

式中，$m_{f_2^c}$ 为同批构件砂浆抗压强度换算值的平均值（MPa）；n 为同一检测单元测区数（同批构件数）；$f_{2,j}^c$ 为第 j 个构件的砂浆抗压强度换算值（MPa），精确至 0.1MPa；$s_{f_2^c}$ 为同批构件砂浆抗压强度换算值的标准差（MPa），精确至 0.01MPa；$\eta_{f_2^c}$ 为同批构件砂浆抗压强度换算值的变异系数，精确至 0.01。

对于按批抽检的砌体，当该批构件砌筑砂浆抗压强度换算值的变异系数不小于 0.3 时（施工水平差，已不能认为属同一母体,不能构成同批砂浆),则该批构件应全部按单个构件检测。

②当按批抽检时,砂浆抗压强度推定值之一 $f_{2,c1}^c$ 和砂浆抗压强度推定值之二 $f_{2,c2}^c$ 分别按下式计算,并取其中的较小值作为该批构件砂浆抗压强度推定值 $f_{2,c}^c$ (均精确至 0.1MPa):

$$f_{2,c1}^c = 0.91 m_{f_2^c} \tag{16-7}$$

$$f_{2,c2}^c = 1.18 f_{2,\min}^c \tag{16-8}$$

式中,$f_{2,c1}^c$ 为砂浆抗压强度推定值之一(MPa),精确至 0.1MPa;$f_{2,c2}^c$ 为砂浆抗压强度推定值之二(MPa),精确至 0.1MPa;$m_{f_2^c}$ 为同批构件砂浆抗压强度换算值的平均值(MPa);$f_{2,\min}^c$ 为同批构件中砂浆抗压强度换算值的最小值(MPa),精确至 0.1MPa。

16.1.6 实验要求

(1)严格按照上述步骤操作。

(2)实验中正确记录要求的各项数据。

(3)实验后整理实验数据,并写出实验报告。

16.2　贯入法检测砌体砂浆强度实验预习报告　>>>

班级：_____　姓名：_____　学号：_____

评定	
教师签章	
批阅日期	

1.简述贯入法检测砌体砂浆强度的基本原理。

2.根据实验指导书,简述本实验主要测量哪些物理量,对应的测量仪器、方法有哪些,并简述实验主要步骤。

3. 设计含以下测量内容的实验记录表格：

(1)构件名称、检测依据、检测环境；

(2)仪器检查情况(型号、编号)；

(3)测试现场点位相对位置(示意图)；

(4)各观测点位不平整度读数、贯入深度测量表读数、贯入深度；

(5)现场检测人、复核人、记录人。

16.3 贯入法检测砌体砂浆强度实验报告 >>>

班级：_____ 姓名：_____ 学号：_____

同组者姓名：_____

实验日期：_____

评定	
教师签章	
批阅日期	

测区序号	强度计算结果/MPa					变异系数 $\eta_{f_2^c}$	强度推定值 $f_{2,c}^c$/MPa
	测区强度换算值 f_{2i}	单元强度平均值 $m_{f_2^c}$	标准差 $s_{f_2^c}$	强度推定值一 $f_{2,c1}^c$	强度推定值二 $f_{2,c2}^c$		
1							
2							
3							
4							
5							
6							

构件名称 _____

检测依据 _____

检测说明

1. $m_{f_2^c} = \dfrac{1}{n}\sum\limits_{j=1}^{n} f_{2,j}^c$, $\quad f_{2,c1}^c = 0.91 m_{f_2^c}$, $\quad f_{2,c2}^c = 1.18 f_{2,\min}^c$。

2. 单个构件时，$f_{2,c}^c = 0.91 f_{2,j}^c$，按批推定时，$f_{2,c}^c = \min(f_{2,c1}^c, f_{2,c2}^c)$

计算过程

第 17 章　回弹法检测砌体砂浆强度实验

17.1　回弹法检测砌体砂浆强度实验指导书　　>>>

17.1.1　实验目的

本实验主要达到以下目的。

(1)掌握回弹法检测砌体砂浆强度的基本步骤和方法。

(2)熟悉和掌握回弹法检测砂浆抗压强度的技术规程,并能根据实验结果分析计算出砂浆的抗压强度。

17.1.2　实验仪器及工具

砂浆回弹仪、碳化深度测定仪、率定钢砧、砂轮、锤凿等。

17.1.3　实验原理

回弹法是采用砂浆回弹仪检测墙体中砂浆的表面硬度,根据回弹值和碳化深度推定砌体中砂浆强度的方法,适用于推定烧结普通砖或烧结多孔砖砌筑砂浆强度。回弹法的工作原理是用弹击拉簧驱动弹击锤,并通过弹击杆弹击被测物表面时产生的瞬时弹性变形的恢复力,驱使弹击锤回弹,带动指针指示出回弹距离。以回弹值作为与被测物抗压强度相关的指标,来推定被测物的抗压强度。

目前,在建筑工程检测中,常用的回弹仪有砖强度检测回弹仪、砂浆强度检测回弹仪和混凝土强度检测回弹仪,用于砖、砂浆、混凝土抗压强度的检测。由于砖、砂浆、混凝土材质不同,表面的硬度也不一样,因此,使用的回弹仪的冲击能量不同。也就是说,不同种类回弹仪中由弹簧牵动的冲击锤的冲击动能不一样,即弹簧的弹性系数及冲击锤的冲击动能不同,亦即弹簧的弹性系数及冲击锤的质量各不相同,因此规格型号不一样,具体分类见表 17-1。

表 17-1　　　　　　　　　　　　　　　　　　　　**回弹仪的分类**

分类	标称能量/J	类型代号	检测材料
重型	9.800	H980	高强混凝土
	5.500	H550	
	4.500	H450	
中型	2.207	M225	普通混凝土
轻型	0.735	L75	砖
	0.196	L20	砂浆

回弹仪按照弹击能量和用途可分为重型、中型和轻型 3 类。其中,轻型回弹仪可用于砂浆和烧结砖的抗压强度检测,中型和重型回弹仪可用于混凝土抗压强度的检测。

17.1.4　实验步骤

1)测区及测点布置。

砌体结构测区的选择应符合下列要求。

(1)每一楼层且总量不大于 250m³ 的材料品种和设计强度等级均相同的砌体选定至少 6 个测区(即 6 面墙)。每个测区不应少于 5 个测位(即 5 条灰缝,每条长 500mm)。

(2)测位宜选在承重墙的可测面上,并避开门窗洞口及预埋件等附近的墙体。一个侧位的墙面面积宜大于 0.3m²。

(3)不得作为测位的灰缝情况:

①竖向灰缝;

②厚度不一、较薄或不够饱满的灰缝;

③未与砖块黏结的灰缝;

④气孔较多或松动处的灰缝。

2)测位处理。

(1)粉刷层、勾缝砂浆、污物等应清除干净。

(2)弹击点处的砂浆表面应仔细打磨平整,并应除去浮灰。

(3)磨掉表面砂浆的深度应为 5~10mm,且不应小于 5mm。

3)回弹值的测量。

(1)每个测位内均匀布置 12 个弹击点。选定弹击点时应避开砖的边缘、气孔或松动的砂浆。相邻两个弹击点的间距不应小于 20mm。

(2)在每个弹击点上,使回弹仪连续弹击 3 次,第 1、2 次不读数,仅记录第 3 次回弹值,精确至 1 个刻度。测试过程中,回弹仪应始终处于水平状态,其轴线应垂直于砂浆表面,且不得移位。

(3)在每个测位内,选择 1~3 处灰缝,用碳化深度测定仪和 1%~2% 的酚酞试剂测量砂浆碳化深度,读数应精确至 0.5mm。

17.1.5　数据处理

1)平均回弹值。

从每个测位的 12 个回弹值中,分别剔除最大值、最小值,计算余下的 10 个回弹值的平均值,以 R 表示,应精确至 0.1。

2)平均碳化深度。

每个测位的平均碳化深度应取该测量值的算术平均值,以 d 表示,应精确至 0.5mm。

3)砂浆强度换算值。

第 i 个测区第 j 个测位的砂浆强度换算值,应根据该测位的平均回弹值和平均碳化深度值,分别按下式计算:

$$f_{2ij} = 13.97 \times 10^{-5} R^{2.57}, \quad d \leqslant 1.0\text{mm} \tag{17-1}$$

$$f_{2ij} = 4.85 \times 10^{-4} R^{3.04}, \quad 1.0\text{mm} < d < 3.0\text{mm} \tag{17-2}$$

$$f_{2ij} = 6.34 \times 10^{-5} R^{3.60}, \quad d \geqslant 3.0\text{mm} \tag{17-3}$$

式中,f_{2ij} 为第 i 个测区第 j 个测位的砂浆强度值(MPa);d 为第 i 个测区第 j 个测位的平均碳化深度值(mm);R 为第 i 个测区第 j 个测位的平均回弹值。

4)砂浆抗压强度平均值。

测区的砂浆抗压强度平均值,应按下式计算:

$$f_{2i} = \frac{1}{n_i} \sum_{j=1}^{n_i} f_{2ij} \qquad (17\text{-}4)$$

5)强度推定。

(1)每个检测单元的强度平均值、标准差和变异系数,应分别按下列公式计算:

$$f_{2,\mathrm{m}} = \frac{1}{n_2} \sum_{j=1}^{n_2} f_{2i} \qquad (17\text{-}5)$$

$$s = \sqrt{\sum_{i=1}^{n_2} (f_{2,\mathrm{m}} - f_{2i})^2 / (n_2 - 1)} \qquad (17\text{-}6)$$

$$\delta = \frac{s}{f_{2,\mathrm{m}}} \qquad (17\text{-}7)$$

式中,$f_{2,\mathrm{m}}$ 为同一检测单元的强度平均值(MPa);n_2 为同一检测单元测区数;f_{2i} 为测区强度代表值(MPa);s 为同一检测单元,按 n_2 个测区计算的强度标准差(MPa);δ 为同一检测单元的强度变异系数。

(2)每一检测单元的砌筑砂浆抗压强度等级,应分别按下列规定确定:

①当测区数 $n_2 \geqslant 6$ 时:

$$f_2' = 0.91 f_{2,\mathrm{m}} \qquad (17\text{-}8)$$

$$f_2' = 1.18 f_{2,\mathrm{min}} \qquad (17\text{-}9)$$

式中,$f_{2,\mathrm{m}}$ 为同一检测单元,按测区统计的砂浆抗压强度平均值(MPa);f_2' 为砌筑砂浆抗压强度推定值(MPa);$f_{2,\mathrm{min}}$ 为同一检测单元,测区砂浆抗压强度的最小值(MPa)。

②当测区数 $n_2 < 6$ 时:

$$f_2' = f_{2,\mathrm{min}} \qquad (17\text{-}10)$$

③当检测结构的变异系数大于 0.35 时,应检查检测结果离散性较大的原因,若是因为检测单元划分不当,则宜重新划分,并可增加测区数进行补测,然后重新推定。

17.1.6　实验要求

(1)严格按照上述步骤操作。

(2)实验中正确记录各要求的数据。

(3)实验后整理实验数据,并写出实验报告。

17.2　回弹法检测砌体砂浆强度实验预习报告　>>>

班级：_____　姓名：_____　学号：_____

评定	
教师签章	
批阅日期	

1.简述回弹法检测砌体砂浆强度的基本原理。

2.根据实验指导书,简述本实验主要测量哪些物理量,对应的测量仪器、方法有哪些,并简述实验主要步骤。

3.设计含以下测量内容的实验记录表格：

（1）构件名称、检测依据、检测环境；

（2）仪器检查情况（型号、编号、回弹仪率定值）；

（3）测试现场点位相对位置（示意图）；

（4）各观测点位回弹值；

（5）现场检测人、复核人、记录人。

17.3 回弹法检测砌体砂浆强度实验报告 >>>

班级：_____ 姓名：_____ 学号：_____

同组者姓名：_____

实验日期：_____

评定	
教师签章	
批阅日期	

构件名称						
检测依据						

测区序号	强度计算结果/MPa				变异系数 σ	强度推定值 f'_2/MPa
	测区强度代表值 f_{2i}	单元强度平均值 $f_{2,m}$	标准差 s	测区强度最小值 $f_{2,min}$		
1						
2						
3						
4						
5						
6						

检测说明	1. $f_{2,m} = \dfrac{1}{n_2} \sum\limits_{j=1}^{n_2} f_{2i}$ ； 2. 测区数 $n_2 \geqslant 6$ 时，f'_2 取二者（$f'_2 = 0.91 f_{2,m}$，$f'_2 = 1.18 f_{2,min}$）较小者；测区数 $n_2 < 6$ 时，$f'_2 = f_{2,min}$
计算过程	

第 18 章　回弹法检测烧结普通砖强度实验

18.1　回弹法检测烧结普通砖强度实验指导书　>>>

18.1.1　实验目的

由于取样试压法需现场从墙体中抽取砖样,对既有墙体会造成一定的破坏,而回弹法仅需清除墙体表面饰面(粉刷)层,对墙体损伤程度轻微,故回弹法适用于量大面广的既有建筑砌体结构的一般性检测鉴定。

本实验主要达到以下目的。

(1)掌握回弹法检测烧结普通砖强度的基本步骤和方法。

(2)熟悉和掌握回弹法检测烧结普通砖抗压强度的技术规程,并能根据实验结果分析计算出烧结普通砖的抗压强度。

18.1.2　实验设备及工具

砖回弹仪、率定钢砧、砂轮。

18.1.3　实验原理

回弹法是采用砂浆回弹仪检测墙体中砂浆的表面硬度,根据回弹值和碳化深度推定其强度的方法,适用于推定烧结普通砖或烧结多孔砖砌筑砂浆强度。回弹法的工作原理和类型见本书 17.1 节。

抗压强度的推定,可按《砌体工程现场检测技术标准》(GB/T 50315—2011)中"烧结砖回弹法"章节中应用回弹仪测试砖表面硬度,将砖回弹值换算成砖抗压强度确定。当块材的抗压强度计量检测结果的推定区间的上限值与下限值之差不大于块材相邻强度等级的差值和推定区间上限值与下限值算术平均值的 10% 两者中较大值时,可按检验批进行评定,否则按单个构件评定。

抗压强度的推定结果的判定,按照《建筑结构检测技术标准》(GB/T 50344—2019)的规定,当设计要求相应数值小于或等于推定上限值时,可判定为符合设计要求;当设计要求相应数值大于推定上限值时,可判定为低于设计要求。由于在《砌墙砖试验方法》(GB/T 2542—2012)和《砌墙砖检验规则》[JC 466—1992(1996)]中均以检验批的平均值来判断,所以也可按每块砖抗压强度换算值的平均值来计算检验批的砖抗压强度。

18.1.4　实验步骤

1)测区及测点布置。

每一楼层且总量不大于 250m³ 的材料品种和设计强度等级均相同的砌体随机选择 10 个测区,每个测区的墙面面积不宜小于 $1.0m^2$，应在其中随机选择 10 块条面向外的砖作为 10 个测位供回弹测试。选择的砖与墙边缘的距离应大于 250mm。

2）测位处理。

被检测的砖应为外观质量合格的完整砖。砖的条面应干燥、清洁、平整。不应有饰面层、粉刷层，必要时可用砂轮清除表面的杂物，并应磨平侧面，用毛刷刷去粉尘。

3）回弹值的测量。

应在每块砖的侧面上均匀布置 5 个弹击点。选定弹击点时应避开砖表面的缺陷，相邻弹击点的距离不应小于 20mm，弹击点离砖边缘不应小于 20mm，每一弹击点只能弹击一次，回弹值读数应估读至 1，测试时，回弹仪应处于水平状态，其轴线应垂直于砖的侧面。

18.1.5 数据处理

1）单个测位的回弹值，应取 5 个弹击点回弹值的平均值。

2）第 i 测区第 j 个测位的抗压强度换算值，应按下列公式计算。

（1）烧结普通砖：

$$f_{1ij} = 2 \times 10^{-2} R^2 - 0.45R + 1.25 \tag{18-1}$$

（2）烧结多孔砖：

$$f_{1ij} = 1.70 \times 10^{-3} R^{2.48} \tag{18-2}$$

式中，f_{1ij} 为第 i 测区第 j 个测位的抗压强度换算值（MPa）；R 为第 i 测区第 j 测位的平均回弹值。

3）测区的砖抗压强度平均值，应按下式计算。

$$f_{1,i} = \frac{1}{10} \sum_{j=1}^{n_1} f_{1ij} \tag{18-3}$$

4）每一检测单元的强度平均值、标准值和变异系数，应按下列公式计算。

$$f_{1,m} = \frac{1}{n_2} \sum_{i=1}^{n_2} f_{1,i} \tag{18-4}$$

$$s = \sqrt{\frac{\sum_{i=1}^{n_2} (f_{1,m} - f_{1,i})^2}{n_2 - 1}} \tag{18-5}$$

$$\delta = \frac{s}{f_{1,m}} \tag{18-6}$$

式中，$f_{1,m}$ 为同一检测单元烧结砖抗压强度平均值（MPa）；n_2 为同一检测单元的测区数；$f_{1,i}$ 为测区强度代表值（MPa）；s 为同一检测单元，按 n_2 个测区计算的强度标准差（MPa）；δ 为同一检测单元的强度变异系数。

5）每一检测单元砖抗压强度等级，应符合下列要求。

（1）当变异系数 $\delta \leqslant 0.21$ 时，应按表 18-1 中抗压强度平均值、抗压强度标准值推定每一检测单元的砖抗压强度等级。抗压强度标准值按下式计算：

$$f_{1,k} = f_{1,m} - 1.8s \tag{18-7}$$

（2）当变异系数 $\delta > 0.21$ 时，应按表 18-1 中抗压强度平均值、以测区为单位统计的抗压强度最小值推定每一检测单元的砖抗压强度等级。

表 18-1 　　　　　　　　　　烧结普通砖抗压强度等级的推定（单位：MPa）

抗压强度推定等级	抗压强度平均值 $f_{1,m} \geqslant$	变异系数 $\delta \leqslant 0.21$	变异系数 $\delta > 0.21$
		抗压强度标准值 $f_{1,k} \geqslant$	抗压强度的最小值 $f_{1,\min} \geqslant$
MU25	25.0	18.0	22.0
MU20	20.0	14.0	16.0
MU15	15.0	10.0	12.0

续表

抗压强度推定等级	抗压强度平均值 $f_{1,m} \geqslant$	变异系数 $\delta \leqslant 0.21$	变异系数 $\delta > 0.21$
		抗压强度标准值 $f_{1,k} \geqslant$	抗压强度的最小值 $f_{1,\min} \geqslant$
MU10	10.0	6.5	7.5
MU7.5	7.5	5.0	5.5

6)烧结砖抗压强度推定结构应精确至 0.01MPa。

18.1.6 实验要求

(1)严格按照上述步骤操作。

(2)实验中正确记录各要求的数据。

(3)实验后整理实验数据,并写出实验报告。

18.2　回弹法检测烧结普通砖强度实验预习报告　>>>

班级：＿＿＿＿＿＿　姓名：＿＿＿＿＿＿　学号：＿＿＿＿＿＿

评定	
教师签章	
批阅日期	

1.简述回弹法检测烧结普通砖强度的基本原理。

2.根据实验指导书,简述本实验主要测量哪些物理量,对应的测量仪器、方法有哪些,并简述实验主要步骤。

3.设计含以下测量内容的实验记录表格：

(1)构件名称、检测依据、检测环境；

(2)仪器检查情况(型号、编号、回弹仪率定值)；

(3)测试现场点位相对位置(示意图)；

(4)各观测点位回弹值；

(5)现场检测人、复核人、记录人。

18.3 回弹法检测烧结普通砖强度实验报告 >>>

班级：_____ 姓名：_____ 学号：_____

同组者姓名：_____

实验日期：_____

评定	
教师签章	
批阅日期	

构件名称							

检测依据							

测区序号	强度计算结果/MPa					变异系数 σ	强度推定等级
	测区强度代表值 $f_{1,i}$	单元强度平均值 $f_{1,m}$	测区强度最小值 $f_{1,min}$	测区强度标准值 $f_{1,k}$	标准差 s		
1							
2							
3							
4							
5							
6							
7							
8							
9							
10							
计算过程							

第 19 章　建(构)筑物结构变形测量实验

19.1　建(构)筑物结构变形测量实验指导书　>>>

19.1.1　实验目的

建筑物的变形观测,目前在我国已受到高度重视。随着工程建设的蓬勃发展,各种大型建筑物,如水坝、高层建筑、大型桥梁、隧道及各种大型设备数量增多,因变形而造成损失的情况也越来越多。这种变形总是由量变到质变的,因此及时地对建筑物进行变形观测、监视变形的发展变化,在造成损失以前及时采取补救措施,是变形观测的主要目的。变形观测的另一个目的是检验设计的合理性,为提高设计质量提供科学的依据。

本实验主要达到以下目的。

(1)掌握全站仪的原理及使用方法。

(2)理解建筑变形测量的原理。

(3)了解建筑结构现场检测的倾斜测量方法。

19.1.2　实验内容

通过在实验室内使用全站仪观测室内构筑物各角点相对底部的倾斜,学习全站仪的使用方法和建筑物倾斜变形的测量。

19.1.3　实验仪器及工具

全站仪、构筑物(模拟观测对象)、皮卷尺、指南针、记录板。

19.1.4　实验原理

采用全站仪进行建筑结构倾斜测量,主要测量房屋角点的倾斜变形及墙(柱)顶偏移的倾斜变形。全站仪三维坐标测量并不是直接测定目标点的三维坐标,而是通过观测水平角、垂直角以及斜距,计算得到目标点的三维坐标。

如图 19-1 所示,O 点为已知控制点,A 点为未知点,O' 点和 A' 点分别是 O 点和 A 点在水平面上的投影。全站仪以 O 点为测站点观测 A 点时,可以观测出 A 点的坐标方位角 δ,以及 A 点的天顶距 α,还可以观测出 O 点、A 点间的斜距 r。

通过直角三角形的正弦、余弦定理,得

$$S_{O'A'} = r\sin\alpha \tag{19-1}$$

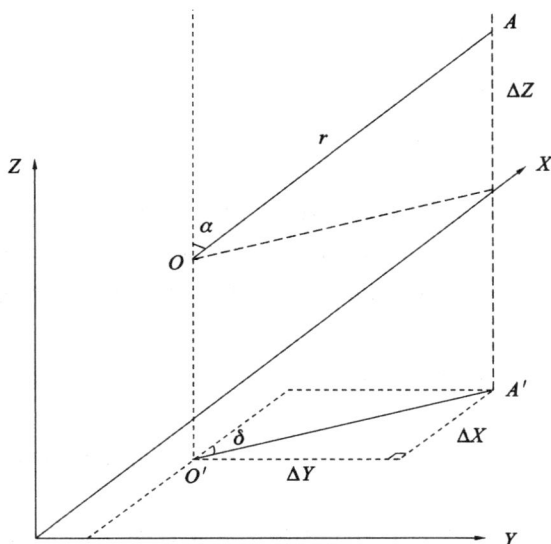

图 19-1 三维坐标测量原理示意图

则 A 点与 O 点在三个坐标方向的坐标差分别为：

$$\Delta Z = r\cos\alpha \tag{19-2}$$

$$\Delta X = r\sin\alpha\cos\delta \tag{19-3}$$

$$\Delta Y = r\sin\alpha\sin\delta \tag{19-4}$$

同时 O 点为已知控制点，三维坐标已知，则未知点 A 的坐标可以由公式推算出来：

$$X_A = X_O + \Delta X \tag{19-5}$$

$$Y_A = Y_O + \Delta Y \tag{19-6}$$

$$Z_A = Z_O + \Delta Z \tag{19-7}$$

O、A 两点直接以地面点标志为中心进行推算，实际观测时，还需要考虑仪器高和棱镜高，设仪器高为 i，棱镜高为 v，则公式为：

$$X_A = X_O + \Delta X \tag{19-8}$$

$$Y_A = Y_O + \Delta Y \tag{19-9}$$

$$Z_A = Z_O + \Delta Z + i - v \tag{19-10}$$

通过对原理的分析可知，若要得到未知点 A 的三维坐标，需要已知控制点坐标 OA 方向的坐标方位角、天顶距和斜距，以及仪器高和棱镜高。所以全站仪进行三维坐标测量时一般都是分设站、定向、观测三步。这三步分别输入和观测的已知量如下。

(1)设站：输入测站点(O 点)的三维坐标、仪器高和棱镜高。

(2)定向：输入后视点坐标方位角，确定当前全站仪观测坐标系的轴系指向，为观测目标点 A 的坐标方位奠定基础。此步骤也可以通过输入后视点三维坐标来完成，全站仪会自动进行坐标反算得到后视点坐标方位角，并以此数据设置后视方向。

(3)观测：观测 OA 方向的坐标方位角、天顶距和斜距。

至此，公式所需的所有量均已求得，全站仪会计算出 A 点的三维坐标并显示到屏幕上。

19. 1. 5 全站仪操作步骤

1)开箱。

轻轻地放下箱子，让其盖朝上，打开箱子的锁栓，开箱盖，取出仪器。

2)安置仪器。

将仪器安装在三脚架上，精确整平和对中，以保证测量成果的精度，应使用专用的中心连接螺旋的三脚架。

3）利用光学对中器对中。

（1）架设三脚架。

将三脚架伸到适当高度,确保三腿等长、打开,并使三脚架顶面近似水平,且位于测站点的正上方。将三脚架腿支撑在地面上,使其中一条腿固定。

（2）安置仪器和对点。

将仪器小心地安置到三脚架上,拧紧中心连接螺旋,调整光学对点器,使十字丝成像清晰。双手握住另外两条未固定的架腿,通过对光学对点器的观察,调节该两条腿的位置。在光学对点器大致对准测站点时,使三脚架三条腿均固定在地面上。调节全站仪的三个脚螺旋,使光学对点器精确对准测站点。

（3）利用圆水准器粗平仪器。

调整三脚架三条腿的高度,使全站仪圆水准气泡居中。

（4）利用管水准器精平仪器。

①松开水平制动螺旋,转动仪器,使管水准器平行于某一对角螺旋 A、B 的连线。通过旋转角螺旋 A、B,使管水准气泡居中。

②将仪器旋转 90°,使其垂直于角螺旋 A、B 的连线。旋转角螺旋 C,使管水准气泡居中。

（5）精确对中与整平。

通过对光学对点器的观察,轻微松开中心连接螺旋,平移仪器（不可旋转仪器）,使仪器精确对准测站点。再拧紧中心连接螺旋,再次精平仪器。重复此项操作到仪器精确整平对中为止。

4）建站。

在实验室地面上使用皮卷尺和指南针施放一条南北方向的 10m 长线段 AB。

将全站仪通电,进入建站程序,以后方交会方式,分别照准参考线的 A、B 两端,将 A、B 两点坐标输入全站仪,以后方交会方式建立观测点坐标系。

按测距键录入参考点,按确认键完成建站后保存测站坐标,核对测站点坐标有无较大偏差（此时主要注意坐标正负号是否正确,与坐标系原点的距离是否大致相等）。

5）特征点三维坐标测量。

对有通视条件的测量对象（结构物）各角点进行坐标测量,及时记录在原始记录上,原始记录上不应有涂改、追记等现象,若确实有错误,应在本次测量过程中（时间相隔不得过长,应在本次测量现场）杠改后签名。

6）更换测站点完成测量。

更换全站仪测站位置至对测量对象（结构物）其他角点（首站无通视条件的测点）有通视条件的位置上。重新整平全站仪,利用参考线 AB,以后方交会方式重新建站,参考线 AB 位置在本次测量过程中应保持不变。对有通视条件的测量对象（结构物）各角点进行坐标测量,及时记录在原始记录上。在两测站的测点位置应有部分重合,应记录同一测点位置的两次测量结果用于校核。

7）数据处理。

整理计算所有测量点三维坐标,在测绘记录上标识所有点位（包括测站点、参考线以及各测点）。计算上下对应特征点的矢量位移,该矢量位移在水平面的投影距离除以在竖直面的投影距离即该结构角点倾斜率。

19.1.6　实验要求

（1）严格按照上述步骤操作。

（2）实验中正确记录各要求的数据。

（3）实验后整理实验数据,并写出实验报告。

19.2　建(构)筑物结构变形测量实验预习报告　>>>

班级：_____　姓名：_____　学号：_____

评定	
教师签章	
批阅日期	

1.根据实验指导书,解释以下概念。

(1)设站。

(2)定向。

2.根据实验指导书,简述本实验主要操作步骤。

3.设计含以下测量内容的实验记录表格。

(1)观测现场环境；

(2)仪器检查情况；

(3)测试现场点位相对位置；

(4)各观测点位观测数据；

(5)现场观测人、复核人、记录人。

19.3 建(构)筑物结构变形测量实验报告 >>>

班级：_____ 姓名：_____ 学号：_____

同组者姓名：_____

实验日期：_____

评定	
教师签章	
批阅日期	

1.简述建(构)筑物变形测量的原理。

2. 建筑结构各角点倾斜测量数据,测量结果可根据试验目的按下列要求进行整理。

(1)各角点上下观测点三维坐标；

(2)各角点上下观测点平面相对偏移；

(3)各角点倾斜斜率。

3.绘制建筑结构整体倾斜示意图。

4.思考题。

(1)建筑结构倾斜测量中,观测点的设置有哪些要求?

(2)还有哪些变形观测方法?

参 考 文 献

[1]　张志恒.土木工程实验与检测技术[M].长沙:中南大学出版社,2016.

[2]　姜屏,王伟.建筑工程结构检测实务与案例[M].杭州:浙江大学出版社,2024.

[3]　王社良,赵祥.土木工程结构试验[M].重庆:重庆大学出版社,2014.

[4]　张曙光.土木工程结构试验[M].2版.武汉:武汉理工大学出版社,2022.

[5]　杨英武.结构试验检测与鉴定[M].杭州:浙江大学出版社,2013.

[6]　林文修.砌体结构的材料、检测、鉴定与评估[M].北京:中国建筑工业出版社,2018.

[7]　刘礼华,欧珠光.动力学实验[M].2版.武汉:武汉大学出版社,2010.

[8]　易伟建,张望喜.建筑结构试验[M].4版.北京:中国建筑工业出版社,2016.

[9]　张彤,闫明祥.土木工程结构试验与检测实验指导书[M].北京:冶金工业出版社,2020.

[10]　胡忠君,贾贞.建筑结构试验与检测加固[M].2版.武汉:武汉理工大学出版社,2017.

[11]　王博,刘万峰,胡爱萍.土木工程实验教程[M].合肥:合肥工业大学出版社,2021.

[12]　时柏江,林余雷,蔡时标.混凝土及砌体结构工程检测手册[M].上海:上海交通大学出版社,2018.

[13]　马江萍.建筑结构试验指导书[M].天津:天津大学出版社,2022.